U0241631

图画通识丛书
A Graphic Guide

# 列维-斯特劳斯

## Introducing Lévi-Strauss

鲍里斯·魏斯曼（Boris Wiseman）/ 文
朱迪·格罗夫斯（Judy Groves）/ 图
陈龙 / 译

三联书店

**图书在版编目（CIP）数据**

列维-斯特劳斯 /（英）鲍里斯·魏斯曼文；（英）朱迪·格罗夫斯图；陈龙译. —北京：生活 · 读书 · 新知三联书店，2020.11
（图画通识丛书）
ISBN 978-7-108-06959-7

Ⅰ. ①列… Ⅱ. ①鲍… ②朱… ③陈… Ⅲ. ①列维-斯特劳斯-人类学-思想-研究 Ⅳ. ① Q98

中国版本图书馆 CIP 数据核字（2020）第 189981 号

责任编辑 黄新萍
装帧设计 张 红
责任校对 张国荣
责任印制 徐 方
出版发行 生活·讀書·新知 三联书店
（北京市东城区美术馆东街 22 号 100010）
网 址 www.sdxjpc.com
图 字 01-2019-1207
经 销 新华书店
印 刷 北京隆昌伟业印刷有限公司
版 次 2020 年 11 月北京第 1 版
2020 年 11 月北京第 1 次印刷
开 本 787 毫米 × 1092 毫米 1/32 印张 5.75
字 数 50 千字 图 175 幅
印 数 0,001-8,000 册
定 价 38.00 元
（印装查询：01064002715；邮购查询：01084010542）

# 目　录

## 拜访列维－斯特劳斯

克洛德·列维－斯特劳斯是我们这个时代最具影响力的思想家之一。他所做出的一大贡献是将人类学置于当代法国思想演进历程的核心。他采用了一套全新的理论体系，力图透彻地解释人性。他实际上重新发明了现代人类学。

当我还是一个孩子的时候，我就已经被那种所谓的“非理性”之物深深困扰，并因此试图在那些看似混乱无序的现象背后，寻找到秩序。

从20世纪50年代至60年代，列维－斯特劳斯的大名已经与结构主义运动紧密地联系在一起。而结构主义恰恰在日后影响了所有人文学科。

1996 年 11 月 19 日，在那个雪日的午后，本书的作者在巴黎的法兰西公学院（Collège de France）采访了克洛德·列维－斯特劳斯。

您已经在自己的著作中揭示了在人类社会的中心处，存在着一种亘古不变的**野性思维**，而且它一直在那里发挥着作用。
我试图表明那些不同文化（所谓的“原始”文化与我们自己的文化）的思维模式并非迥然不同。

在我们自己的社会中，当我们注意到某些看似奇怪或者与常识相悖的习俗或信仰时，我们只会把它们解释为古代思维模式的残留或遗存。与之相反，对我而言，这些思维模式却似乎仍然在我们中间活生生地存在着。我们常常允许它们自由地表达，因此它们与其他已被驯化的思维模式（诸如那些被称为科学的思维模式）并存于世。

列维－斯特劳斯几乎在人类学的所有关键领域都提出了崭新的理论。由此，他也提出了一套一般性的文化理论，强调隐性结构的重要性，这些隐性结构类似于一种语法，在表象世界的背后发挥着作用。

列维－斯特劳斯的思想源于南美洲大陆的热带雨林，那里是卡杜维奥人、波洛洛人和南比克瓦拉人的家园。也正是在那里，列维－斯特劳斯平生第一次遇到了“原始”人。

1908 年，克洛德·列维 – 斯特劳斯出生于比利时的布鲁塞尔。他成长于法国巴黎的第十六区，并一直居住在那里。他所成长的那条街道（普桑街）是用法国艺术家**尼古拉斯·普桑**（1594—1665）的名字命名的，列维 – 斯特劳斯后来钦慕普桑，还曾写过关于普桑的文章。列维 – 斯特劳斯的父亲是一位肖像画家，而曾祖父以撒·斯特劳斯（1808 年 * 出生于斯特拉斯堡）则是一名小提琴家、作曲家和指挥家，曾经与柏辽兹、奥芬巴赫一同工作过。

* 原文有误，斯特劳斯的曾祖父出生于 1806 年。

Square
Peupliers
Rue Poussin
Donizetti
Place
我所成长的环境充满着艺术的氛围……在我童年的时候，第十六区是一处波希米亚风格的地方，远甚于今日的状况。我至今仍然记得街道的尽头是一处农场。

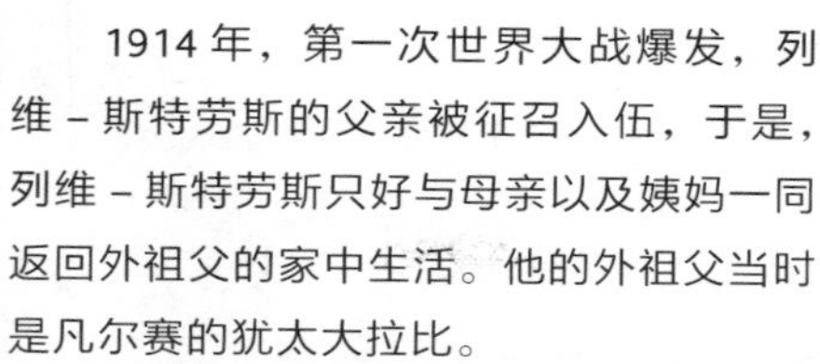

1914年，第一次世界大战爆发，列维－斯特劳斯的父亲被征召入伍，于是，列维－斯特劳斯只好与母亲以及姨妈一同返回外祖父的家中生活。他的外祖父当时是凡尔赛的犹太大拉比。

列维－斯特劳斯在大学里主修了法学，之后参加了中学哲学教师资格会考，并在一所中学教授哲学（直到现在，法国中学仍然教授哲学这门课）。他在那里一直教到1935年。

莫里斯·梅洛－庞蒂
西蒙娜·德·波伏娃
我在17岁的时候，第一次开始阅读马克思。

在同一时间，与列维－斯特劳斯一同准备中学教师资格会考的，还有法国哲学家**莫里斯·梅洛－庞蒂**（1908—1961）和**西蒙娜·德·波伏娃**（1908—1986）。在那个时候，法国哲学带有鲜明的新康德主义色彩，也因此，在列维－斯特劳斯的著作中，我们可以找到启蒙运动的伟大哲学家**伊曼努尔·康德**（1724—1804）思想的诸多痕迹。

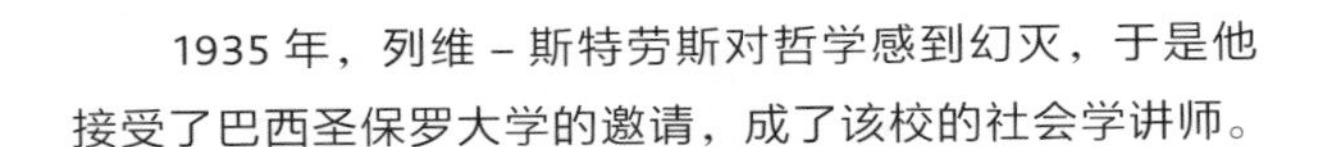

1935 年，列维－斯特劳斯对哲学感到幻灭，于是他接受了巴西圣保罗大学的邀请，成了该校的社会学讲师。

在那一年的学期结束之后，我和我的妻子一同前往巴西的马托格罗索地区，进行了我人生中的第一次民族志考察。

那是列维－斯特劳斯第一次遇到波洛洛人和卡杜维奥人。波洛洛人与卡杜维奥人采用了极其独特的艺术性表达方式：一种复杂的人体绘画形式。列维－斯特劳斯后来对此进行了极其详细的分析。

“我以为我穿越到了 16 世纪，像那时的欧洲人一样，对该地进行了第一次探险活动。我用我的眼睛重新发现了新世界（美洲大陆）。每一样事物都令我大开眼界：风景、动物以及植物。”

之后在 1938 年的一次考察中，列维－斯特劳斯对南比克瓦拉人进行了田野调查，并和这个半游牧群体共同生活了好几个月。
他们一贫如洗，一个家庭的全部财产甚至可以用一个连妇女都背得动的篮子装起来。他们全身赤裸无遮，席地而睡。
列维－斯特劳斯发现了被法国思想家让－雅克·卢梭（1712—1778）和其他 18 世纪启蒙运动哲学家所称赞的“高贵的野蛮人”。

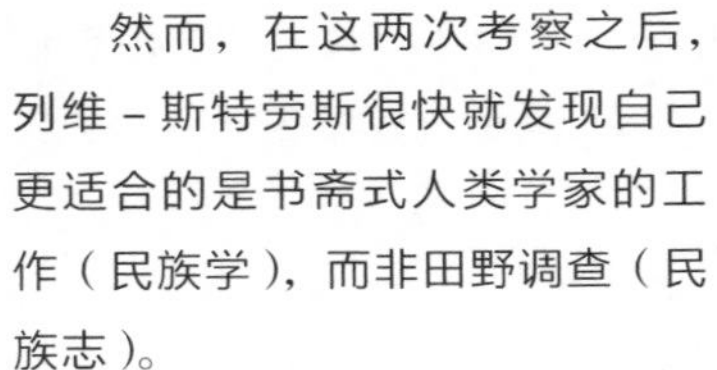

然而，在这两次考察之后，列维－斯特劳斯很快就发现自己更适合的是书斋式人类学家的工作（民族学），而非田野调查（民族志）。

我很快又返回了美洲，这一次是源于一个截然不同的原因——第二次世界大战和纳粹的威胁。
FROM PRIMITIVES TO ZEN

在那时，为了躲避纳粹德国对法国的侵略，列维－斯特劳斯作为一名犹太难民，从法国逃到了美国。1943年，他在纽约公共图书馆开始撰写《亲属关系的基本结构》（*The Elementary Structures of Kinship*），它在日后不仅成了列维－斯特劳斯的博士论文，而且成了其公开出版的第一本著作。《亲属关系的基本结构》对亲属关系的人类学研究进行了革新，树立了列维－斯特劳斯在人类学界的专业声望。

也正是在这个时期，列维－斯特劳斯开始探索原始艺术——不是在民族学博物馆里面，而是在纽约的古董商的橱窗中。

在那个时候，绝大多数的人类学家认为原始艺术仅仅具有文献价值，然而，在我看来，原始艺术的意义远不止于此。
安德烈·布勒东

在逃往纽约的轮船上，列维－斯特劳斯遇见了法国超现实主义运动领袖**安德烈·布勒东**（1896—1966）。

到了纽约，通过布勒东的介绍，列维－斯特劳斯结识了德国超现实主义艺术家**马克斯·恩斯特**（1891—1976），并与之建立长久的友谊。此外，他还通过布勒东，认识了法国艺术批评家**乔治·杜斯特**（1891—1973）。他们四个人都对原始艺术，尤其是印第安艺术，抱持着浓厚的兴趣。

我们开始搜寻值得收藏的新事物。
当我们中间的某个人买不起新东西的时候，我们就会合伙购买。
马克斯·恩斯特
乔治·杜斯特

那个时候的纽约，各种思想百花齐放，相互交汇。除了列维－斯特劳斯外，还有其他人与超现实主义者相遇，进而最终产生了一种新的美国艺术运动，那就是在20世纪40年代后期为人所知的抽象表现主义。
我在纽约的时候，碰到了布拉格学派的语言学家罗曼·雅各布森（1896—1982）。
我将列维－斯特劳斯引入了结构语言学领域。
列维－斯特劳斯发现，语言学的原理、方法以及观念可以帮助他形成自己的概念，并且发展他所谓的**结构人类学**（Structural anthropology）。

“纽约的魔幻魅力正在于，它是一座万事皆有可能的城市。它的社会与文化结构就如同这座不断扩张的城市自身一样，密布着无数的空洞。一个人所需要做的事情仅仅是选择一个空洞，钻到里面去，然后，就像《爱丽丝镜中奇遇记》里处于镜子另一侧的爱丽丝那样，发现自己置身于充满奇异现象的虚幻世界中。”[列维 – 斯特劳斯]

## 人类学的先驱：马林诺夫斯基

1922 年，也就是列维 – 斯特劳斯开始他的亲属关系研究的 23 年前，伟大的田野人类学先驱——**布罗尼斯拉夫 · 马林诺夫斯基**（1884—1942）出版了一部举世闻名的民族志专著：《西太平洋上的航海者》。这是他对特罗布里恩群岛（坐落于新几内亚东南端的外海上）的土著进行两次广泛的田野调查的结果。

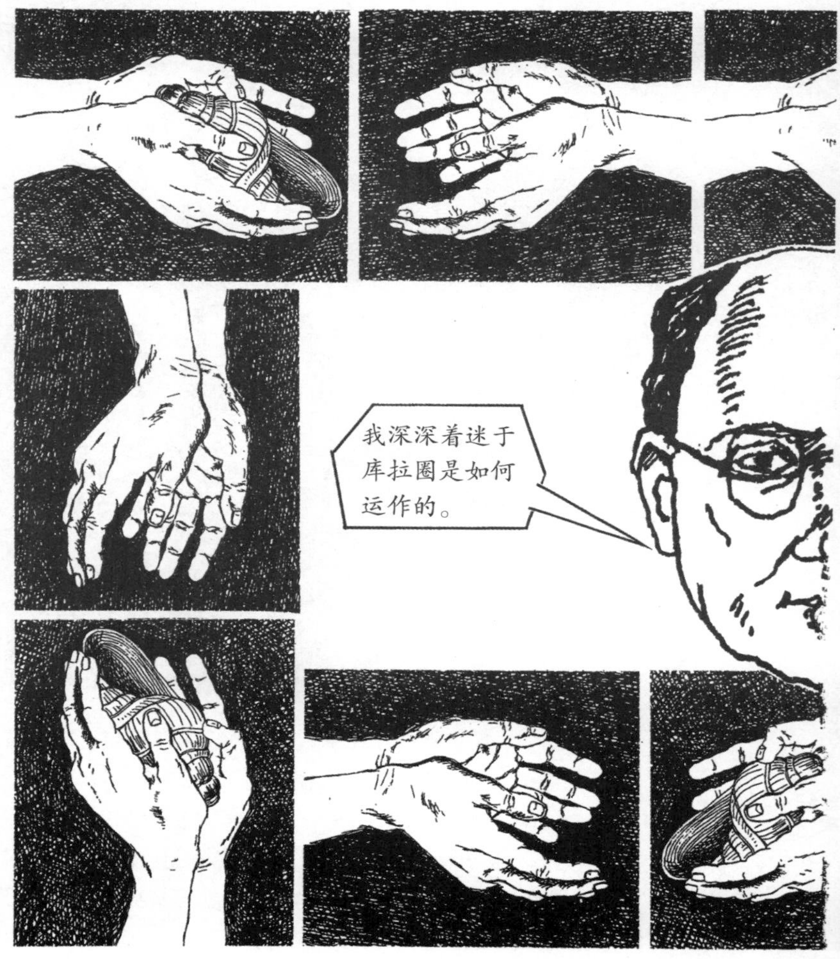
我深深着迷于
库拉圈是如何
运作的。

库拉圈（Kula Ring）是一种仪式性礼物交换的系统，横跨将近 100 英里的范围，连接了特罗布里恩群岛中的诸多岛屿——这是一种早期的因特网！马林诺夫斯基描述了在这个规范严谨的互惠系统中，不同类型的饰品（被称作“索拉维”的贝壳项圈和被称为“穆瓦丽”的白色臂镯）如何沿着不同的方向在那些岛屿之间流动。

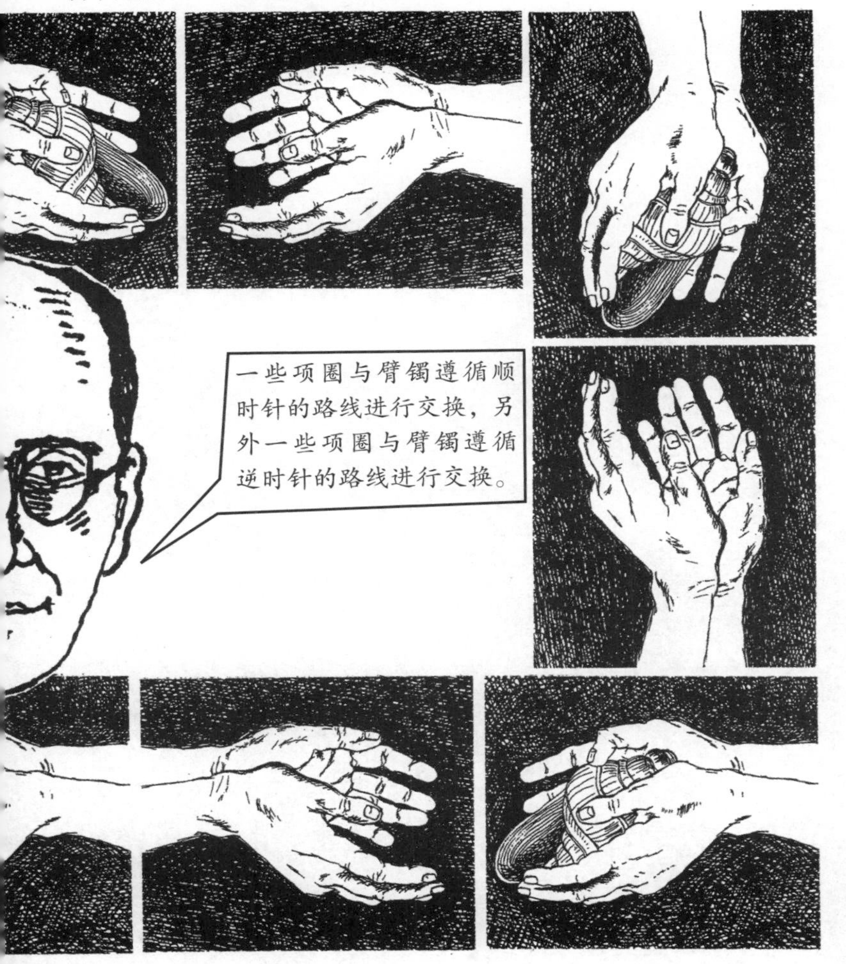
一些项圈与臂镯遵循顺时针的路线进行交换，另外一些项圈与臂镯遵循逆时针的路线进行交换。

## 莫斯与互惠原则

**马塞尔·莫斯**（1872—1950）是伟大的法国社会学家，同时也是社会学这门学科的缔造者法国社会学家**埃米尔·涂尔干**（1859—1917）的外甥。莫斯在其影响深远的论文《礼物》（1925）中，进一步发展了马林诺夫斯基生动形象的田野报告，针对礼物在人类文化中扮演的角色，提出了一套普遍理论。

我着重揭示了主宰这些交换的**互惠**原则，以及与它绑定在一起的三重责任：赠予、接受、回赠。

通过莫斯的论文，列维－斯特劳斯发现了重新理解亲属关系系统的内涵及其运作方式的关键因素。他提出，群体间的联姻采取了礼物交换关系的经典形式，被交换的最重要礼物是女性。因此，在列维－斯特劳斯看来，亲属关系系统的功能是调节群体之间的女性交换，并且确保这项交换持续下去。

交换始终是所有婚姻制度形态的根本基础与共同基础。

为什么被交换的是女性而非男性？
有一种看法是：当男性觉得隶属于他们群体的女性很有可能成为他们的性伴侣的时候，他们就会认为这些女性也会被其他群体中的男性所欲求，由此，这些女性就成了确保这些群体之间联姻的工具。
女性的性欲难道没有被人们注意到吗？
根据列维－斯特劳斯的看法，女性的性欲确实没有受到太多的关注。

列维－斯特劳斯也认为，如果说互惠系统是围绕着女性而非男性来组织的话，那么，这是因为社会群体只有通过女性才能够代代相传，绵延不绝。

就此而言，女性是一个群体最有价值的资产。

这些交换究竟在现实中是如何进行的呢？虽然这是一个古老的人类学问题，列维－斯特劳斯却为其提供了一种新的解决方案，那就是**交错从表婚**（cross-cousin marriages）。

## 交错从表婚

人类学家们区分了两种婚姻模式：一种是平行从表婚，他们是同性手足的子女（例如我父亲的兄弟的孩子或者我母亲的姐妹的孩子）；另一种则是交错从表婚，他们是异性手足的子女（例如我母亲的兄弟的孩子）。

在原始社会中，常常会出现下述的这种情况：平行从表的结合被认为是在乱伦，他们会被禁止结婚，然而，交错从表婚会受到赞同，甚至成为一种规定。

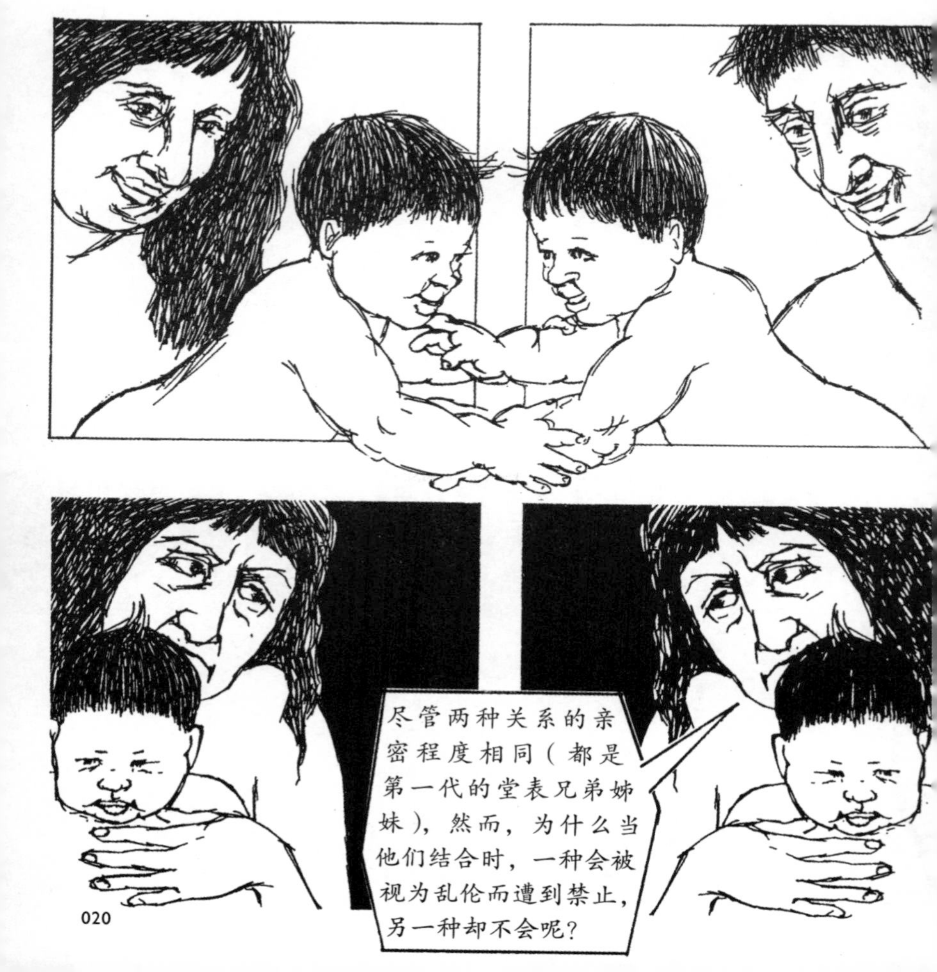
尽管两种关系的亲密程度相同（都是第一代的堂表兄弟姊妹），然而，为什么当他们结合时，一种会被视为乱伦而遭到禁止，另一种却不会呢？

已知的亲属关系种类繁多，列维 – 斯特劳斯将它们化约为少量的基本结构，牵涉了交换的两种基本形式。他将其分别称为“有限的交换”和“普遍化的交换”。有限的交换是由两个群体之间的直接交换所构成的，并依赖于二元对立组织的形式，譬如一个部落分裂为两个部分。

而一种普遍化的交换（“环形”婚姻）至少牵涉了三个相关的群体。

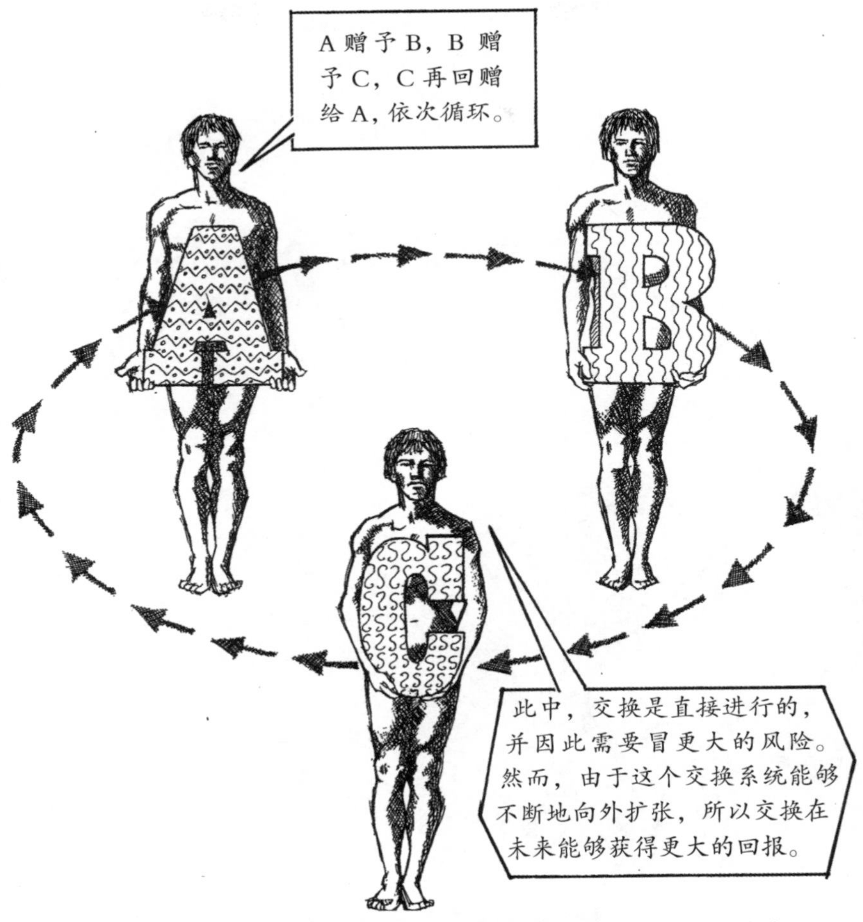
A 赠予 B，B 赠予 C，C 再回赠给 A，依次循环。
此中，交换是直接进行的，并因此需要冒更大的风险。然而，由于这个交换系统能够不断地向外扩张，所以交换在未来能够获得更大的回报。

交错从表婚成了那种通过交换而形成的婚姻的典型例子，因为它也适用于那些施行“直接交换”系统的社会。

## 外婚与内婚

这种交换系统的机制可以用一些例子来加以解释（思考亲属关系的问题总是有点像在做脑筋急转弯）。以下是从一个父系社会中简单假设的情况，例如：一个人之所以属于某个群体（譬如氏族或者半偶族），是通过追溯其男性祖先的血统而得以确认的。

让我们假设两个父系群体，A 族与 B 族。如果来自 A 族的男性娶了来自 B 族的女性，那么，他们的孩子将是 A 族人，这名男性的兄弟的孩子也将是 A 族人，他们是平行从表。

A
B
然而，如果我的来自A族的姊妹嫁了来自B族的男性，他们的孩子将是B族人，他们是我孩子的交错从表。

B
A

因此，交错从表婚相当于**外婚**：来自 A 族的人与来自 B 族的人结合，维持了“有限”交换的系统。平行从表婚是**内婚**：它包含了所有来自 A 族的人或所有来自 B 族的人，并因此与互惠原则相互对立。由于无法产生任何的社会效益，因此平行从表婚遭到了禁止。

上述的情况可以用以下的图形来表现：

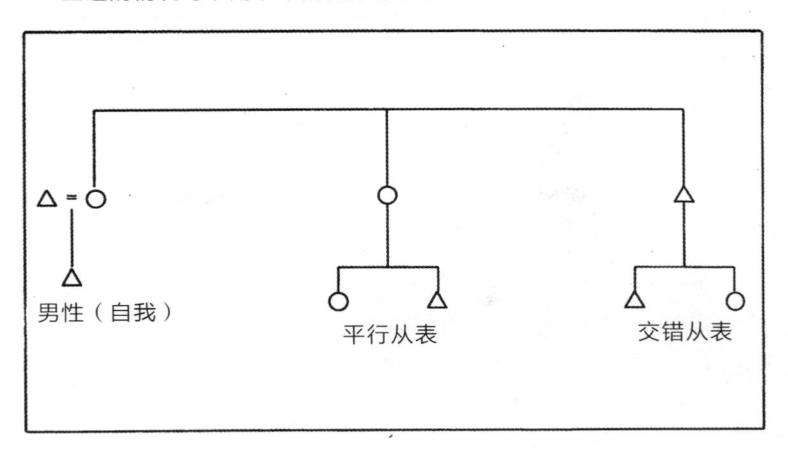
男性（自我）
平行从表
交错从表

解题：

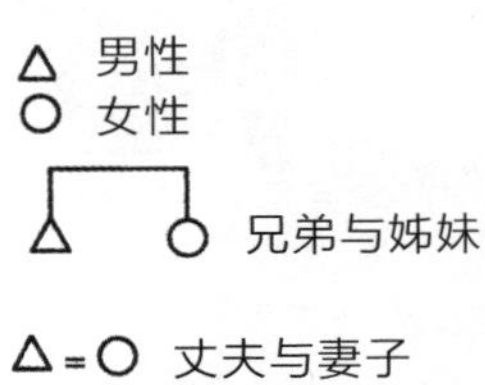
男性
女性
兄弟与姊妹
丈夫与妻子

父母与子女

自我：从男性的视角来看待亲属关系系统

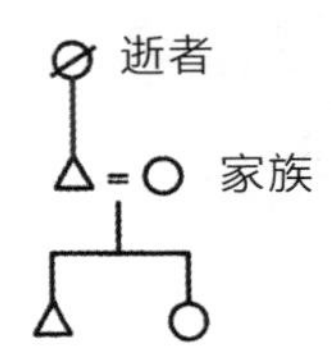
逝者
家族

## 何为“基本单位”？

列维－斯特劳斯的亲属关系理论也引发了激烈的争论。伟大的英国人类学家**阿尔弗雷德·拉德克利夫－布朗爵士**（1881—1955）在《亲属关系系统的研究》（1941）中所发展出的（结构功能主义）理论，主导着当时的英国人类学传统，而列维－斯特劳斯的观点恰恰与这类主流人类学理论针锋相对。

亲属关系的结构单位是我所说的“基本家庭”，它由一夫一妻及其子女所组成。

基本单位并不是那些彼此孤立的家庭，而是它们之间的关系。

列维－斯特劳斯的理论将关注点从“基本家庭”上转移开，不再将“基本家庭”作为所有亲属关系系统的起始点。根据列维－斯特劳斯的观点，各种类型的婚姻**结盟**构成了亲属关系系统的基础。正是通过婚姻，亲属关系结构才得以形成。

## 索绪尔模型

列维–斯特劳斯采纳了索绪尔语言学的一个主要观点，并将它应用于对亲属关系的研究。

在语言里面，真正重要的不是音响单位（音位）自身，而是音响之间的**关系**。
BAT
MAT
BIT
BAN
亲属关系系统就像音位学系统一样，是由心灵在无意识思维的层面上产生的。

**费奥迪南·德·索绪尔**（1857—1913）是结构主义语言学的创始人，他对语言学研究的革命性贡献是揭示了每个音响的身份是通过表明它不是什么（别的音响）而得到**否定性的**定义。

譬如“bat”这个单词，它是由/b/、/a/和/t/这三个音响或音位所构成的，这三个音位通过将自己与其他单词（诸如“mat”“bit”和“ban”）中的音位区分开来，从而确立了自己的身份。

## 亲属关系是交流

在列维－斯特劳斯的整个**联姻**理论的背后，是亲属关系系统与语言的本质类比。这种类比采取了不同的形式。

“婚姻与亲属关系系统的规则类似于一种语言，也就是说，这些规则构成了一套运行方式，用以确保个体与群体之间能够进行某种类型的交流。尽管此处的‘信息’是由在氏族、世系或家庭之间流通的女性所组成的，而在语言中，‘信息’是由在个体之间流通的语词所组成的，但是我们在这两个地方所观察到的是同一种现象。”

在这里，列维－斯特劳斯巧妙地利用了“交流”一词所具有的不同含义，给予了“交流”一个更为具体的空间性含义，由此产生“流通物”的观念。我们在此可以回想起库拉圈实际上也正是这样一种“交流”系统。

就人类的进化而言，我认为语言（“象征思维”）的出现在其中扮演了至关重要的角色，它开启了整个互惠系统，由此女性首先被用于交换。

列维－斯特劳斯更进一步地提出：语言的出现预示了所有其他的交换形式。这就是列维－斯特劳斯早年文化理论的核心。社会与文化得以建立的基础是由交换所组成的——符号（语词）的交换、女性的交换、物品和服务的交换。并且，在这些交换中，语言交流系统是最重要的交换，它构成了其他一切交换的基础。

## 乱伦禁忌

在对亲属关系的整个研究中，列维－斯特劳斯自始至终关注着一个核心谜题——那就是**乱伦禁忌**之谜。更准确地说，列维－斯特劳斯反躬自问：为什么我们在所有已知的人类社会之中，都可以发现某种形式的乱伦禁忌呢？

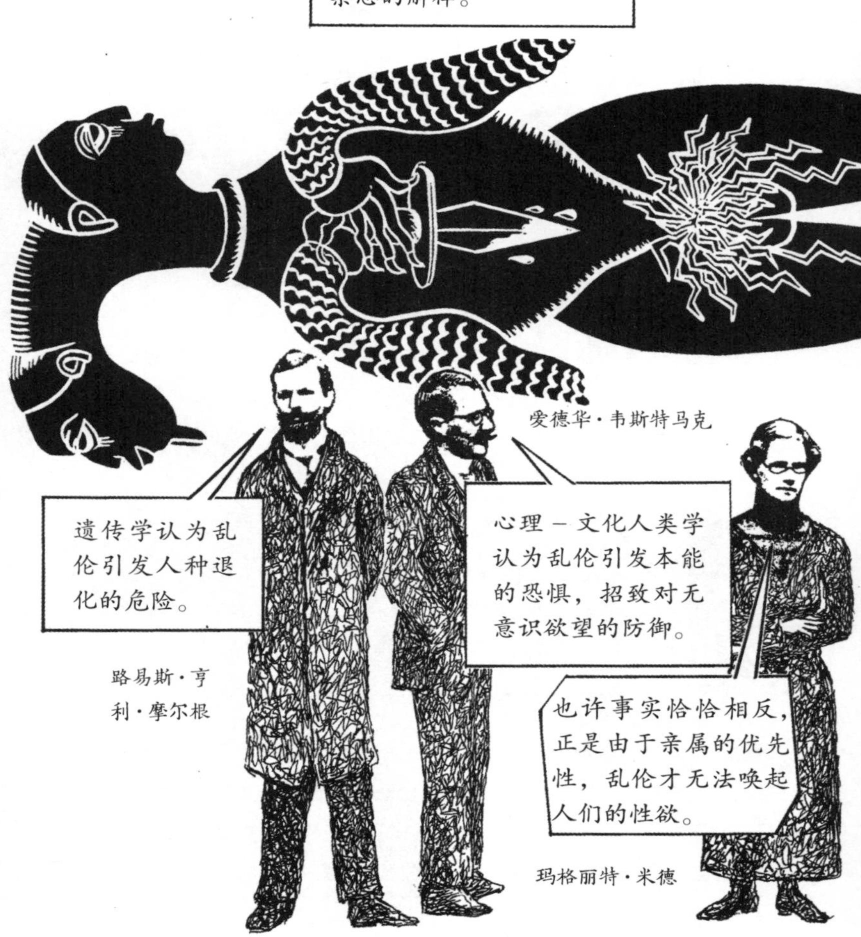
我不同意前人对于乱伦禁忌的解释。
遗传学认为乱伦引发人种退化的危险。
路易斯·亨利·摩尔根
心理－文化人类学认为乱伦引发本能的恐惧，招致对无意识欲望的防御。
爱德华·韦斯特马克
也许事实恰恰相反，正是由于亲属的优先性，乱伦才无法唤起人们的性欲。
玛格丽特·米德

谱系学认为乱伦禁忌中残留着如今业已消失的原始制度，不过这种观点也遭到了列维－斯特劳斯的批评。涂尔干与弗洛伊德是谱系学的两位代表人物。

我认为乱伦禁忌与那些有关女性经血的宗教禁令有关，它们与氏族之血（也因此是图腾之血）存在着象征性的联系。
涂尔干

在人类文化的黎明，反叛的儿子杀死了他们的父亲，并且吃掉了他，随后，他们对自己的行为感到懊悔万分，于是便设置了人类最初的禁令，不允许他们自己同那些他们渴求的女性结合。
弗洛伊德


**西格蒙德·弗洛伊德**（1856—1939）在《图腾与禁忌》（1913）一书中所提出的理论被认为是在“制造神话”。

## 乱伦规则

那么，列维－斯特劳斯的解释与之前的这些理论相比，究竟有哪些不同之处呢？

列斯－斯特劳斯围绕着交换的原理，发展出亲属关系理论。在亲属关系理论的语境中，他将乱伦禁忌与外婚制规则（即要求与不同群体的人或不同类别的人结婚）相互联结。简而言之，乱伦禁忌的基本功能是要求个体必须与外人结婚。

乱伦禁令不仅仅是禁止人们与自己的母亲、姊妹或女儿结婚，更是要求人们必须将自己的母亲、姊妹或女儿赠予他人。这是一项至为卓绝的礼物规则。

因此，通过揭示使得乱伦禁忌有必要存在的社会学绝对命令（即交换），列维－斯特劳斯解决了乱伦禁忌是否具有普遍性的问题。

列维－斯特劳斯还提出，正是伴随并且*通过*（被乱伦禁令所强加的）外婚制规则的出现，人们才从自然状态过渡到文化状态。

乱伦禁忌是首要规则。

当乱伦规则被引入社会之后，有序规范的交换便代替了无序的灵长类动物交配模式。乱伦禁忌迫使亲属群体与陌生人联姻，由此所创造出的共同体是建立在那种不受自然影响的纽带的基础之上。

正是这些纽带，形成了文化的语境。

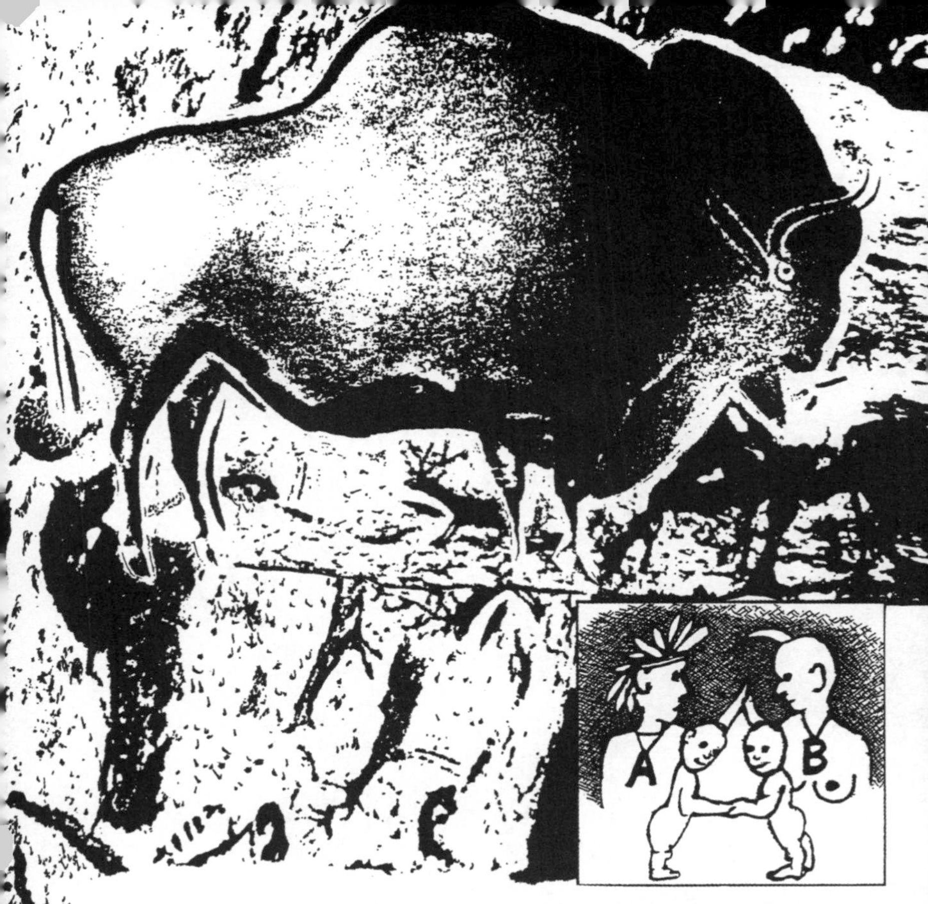
A
B

“在乱伦禁忌出现以前，文化并不存在；而随着乱伦禁忌的出现，对于人类而言，自然不再是唯一的王国。乱伦禁令使得自然超越了自身，点燃了新的星火，最终产生了一种崭新并且更加复杂的结构类型，这种结构将自身叠加在更为基本的精神生活的结构之上，并且与之融为一体，就像这些结构将自己叠加在仍然更为基本的动物生活的结构之上，并且与之融为一体。乱伦禁忌不仅产生了一种新的秩序，而且它自己就构成了这种新的秩序。”[ 列维 – 斯特劳斯 ]

文化是位于自然顶端的火焰，正是由于乱伦禁忌的“火花”，它才能熊熊燃烧起来。

## 图腾崇拜

到了 19 世纪末，人类学家们开始对图腾崇拜之谜产生浓厚的兴趣。

图腾崇拜是指一种在社会群体（例如氏族或世系）和某种特定动物或植物（偶尔也有可能是诸如闪电之类的自然现象，或者干脆就是包括绳索、树皮在内的其他任何种类的东西）之间建立起象征性联系的实践。

动物图腾变成了那些以之命名的群体的世代相传的标志或者徽章。

英国商人与翻译家约翰·朗在 18 世纪末首先发现了图腾崇拜。

“图腾”一词起源于奥吉布瓦语。这是一个生活在北美五大湖地区的美洲印第安人部落。

奥吉布瓦社会分为五大氏族，每个氏族又依次分为若干较小的群体，他们使用不同种类的动物（也就是图腾）来为自己命名。这五大氏族及其次级群体分别是：

1. **鱼：**水的精神、鲇鱼、梭子鱼、鲟鱼、鲑鱼
2. **鹤：**鹰、鹞
3. **潜鸟：**海鸥、鸬鹚、大雁

4. **熊：**狼、猞猁
5. **驼鹿：**貂、驯鹿、海狸

将群体成员与动物图腾联结在一起的神秘关系，尤其令最早试图解决图腾崇拜之谜的人类学家们浮想联翩。在那些用这些动物为自己命名的氏族看来，这些动物是自己的祖先或者兄弟。

杀死或者食用动物，这种行为往往被视为一种禁忌。
这种禁令一般被人们认为是图腾崇拜的典型形式，尽管并不是所有禁令都是如此。

1912 年，涂尔干在图腾崇拜中发现了一种宗教的早期形式。

人们对于图腾崇拜的热情很快便退去了。那么，为什么列维 – 斯特劳斯仍然重新研究图腾崇拜呢？

## 图腾崇拜的兴衰

1870 年，英国爱丁堡律师**约翰·弗格森·麦克伦南**（1827—1881）最先提出了一套关于图腾崇拜的一般性理论。1910 年，英国人类学家 **J. G. 弗雷泽**（1854—1941）出版了他的鸿篇巨制：四卷本的《图腾崇拜与外婚制》。正是由于受到这部著作的影响，弗洛伊德在 1913 年出版了他的《图腾与禁忌》。弗洛伊德将图腾崇拜与弑父娶母的俄狄浦斯情结相联结。

那种禁止杀死图腾动物或者禁止在族内通婚的命令，实际上否定了弑父娶母的俄狄浦斯欲望。
弗雷泽

然而，到了 20 世纪 20 年代，人们对图腾崇拜的兴趣逐渐衰退。在列维－斯特劳斯 1962 年出版《图腾制度》这本书之前，法国社会学家**阿诺尔德·范·热内普**（1873—1957）在 1920 年出版的《图腾问题的现实状况》是最后以专著的形式来处理图腾崇拜这一主题的研究之一。从 20 世纪 30 年代到 40 年代，在诸如罗伯特·哈利·罗维、弗朗茨·博厄斯、阿尔弗雷德·路易斯·克鲁伯等著名人类学家所撰写的标准教科书上，图腾崇拜这一主题几乎不曾被提及。

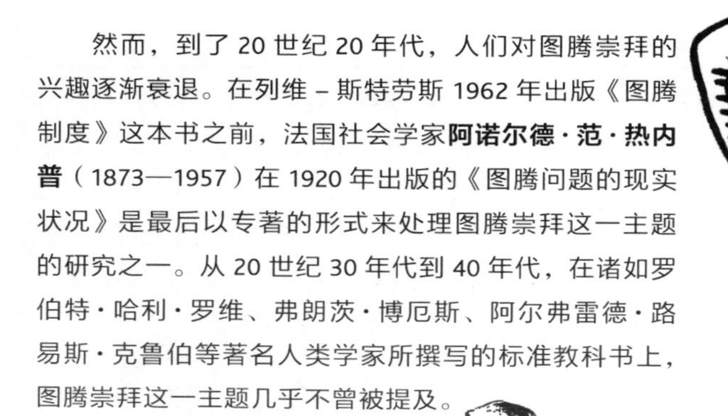
对于人类学家而言，如何准确界定图腾崇拜的内涵，从最开始就是一块主要的绊脚石。

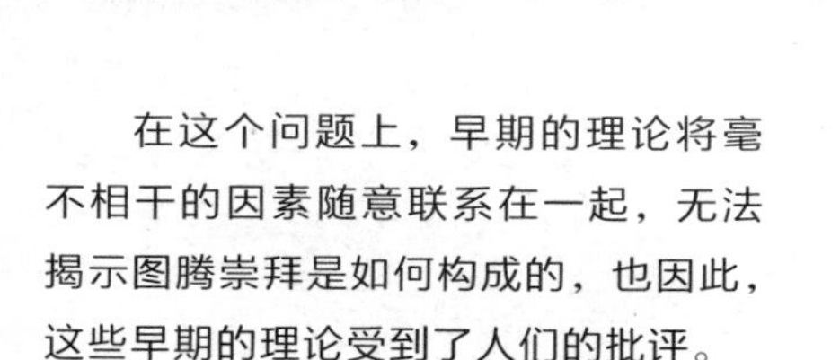

在这个问题上，早期的理论将毫不相干的因素随意联系在一起，无法揭示图腾崇拜是如何构成的，也因此，这些早期的理论受到了人们的批评。

列维－斯特劳斯返回到这些早期的批评。
图腾崇拜是人类学家们异想天开的产物与主观的投射。根本没有什么图腾崇拜，有的只是“图腾幻觉”。这种幻觉有什么意义呢？
列维－斯特劳斯在19世纪与20世纪之交发展出来的图腾崇拜理论与歇斯底里理论之间，发现了一种亲密的关系。

## 图腾崇拜与歇斯底里

人类学家们将各种毫不相关的习俗与信仰随意联系在一起，最终创造了“图腾崇拜”，与之相似，19世纪晚期，精神病机构将各种不相干的症状任意杂烩在一起，最终创造了“歇斯底里”。

在这种相同的文化氛围与时代境况中，图腾崇拜与歇斯底里都变得非常时髦。

19 世纪晚期的思想家们将某些特定群体塑造为典型的图腾崇拜者或者“歇斯底里患者”，他们这么做的无意识动机是希望看到野蛮人与心理疾病患者是和自己完全**不同**的一类人，尽管实际上他们并没有那么大的差别。
他们的理论是用一种迂回的方式来处理他们在自我中所不想要的部分，这些他们不想要的部分表现为原始的自我和歇斯底里的自我。
通过这种方法，科学家们否定了某些在他们自己的道德世界之外的（看似非理性或不连贯的）思维模式。
那正是我所发现的情况。心理疾病与正常心理机能的差别表现在**量**的方面，而非质的方面。

## 排斥与分类

这些早期的图腾崇拜理论和歇斯底里理论相信正常人与心理疾病患者、文明人与野蛮人之间存在着本质的差异，它们试图为这种差异提供一种**自然基础**。

列维－斯特劳斯提醒我们，文艺复兴时期画家**埃尔·格列柯**（1541—1614）也是因为上述的这种原因，而被排斥并归类为“反常的人”。

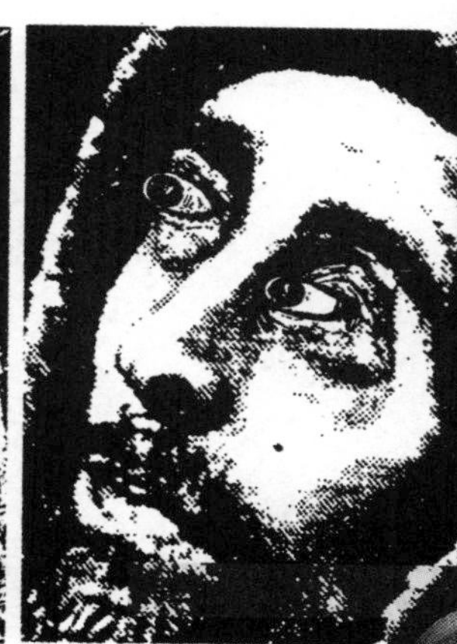

埃尔·格列柯的批评者更愿意相信，格列柯所画的那些奇怪的细长人物，并不是在表现一种新颖别致的世界图景，而是艺术家畸形眼珠的产物。

图腾理论之所以重视个体与图腾动物的紧密关系，其中一个未被言明的原因是，个体与图腾动物的紧密关系为科学机构提供了一种文化分类的便捷方法——这里指的是他们对待自然世界的态度。

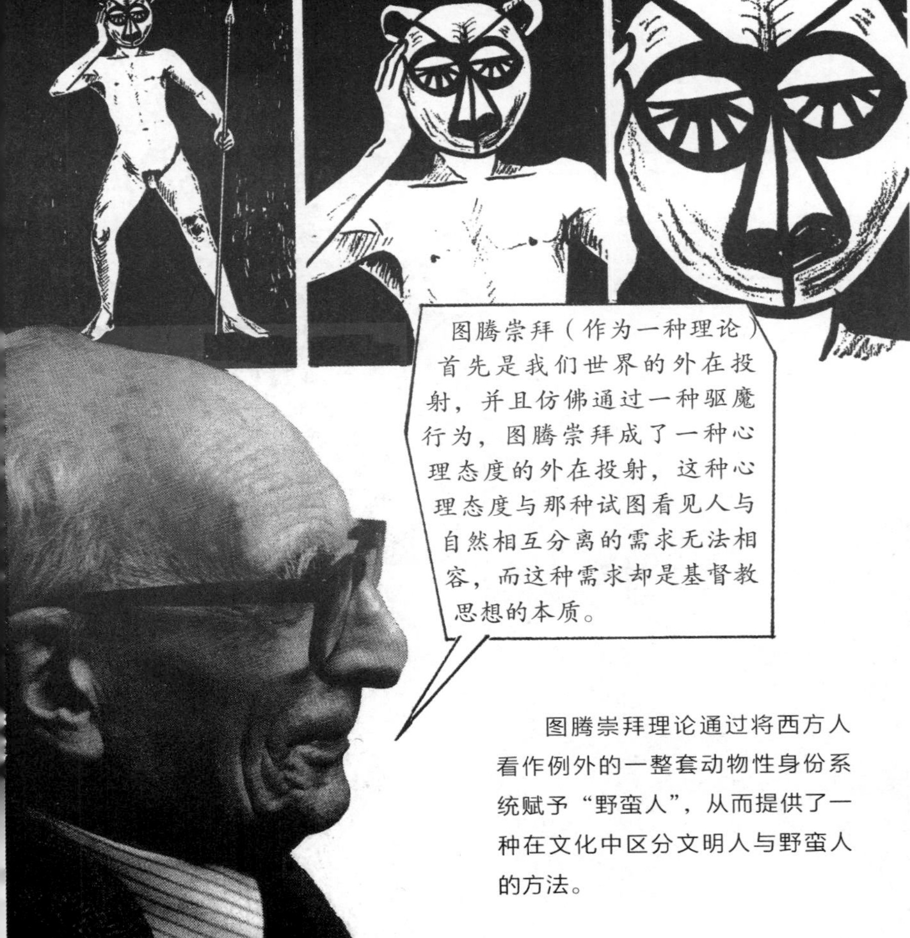
图腾崇拜（作为一种理论）首先是我们世界的外在投射，并且仿佛通过一种驱魔行为，图腾崇拜成了一种心理态度的外在投射，这种心理态度与那种试图看见人与自然相互分离的需求无法相容，而这种需求却是基督教思想的本质。

图腾崇拜理论通过将西方人看作例外的一整套动物性身份系统赋予“野蛮人”，从而提供了一种在文化中区分文明人与野蛮人的方法。

## 如何解释“图腾崇拜”？

为了解释“图腾崇拜”，列维－斯特劳斯发展了属于他自己的理论。他认为图腾崇拜仅仅是一种范围更大的活动类型的一个方面，这种活动的本质与目的是**分类**，列维－斯特劳斯对此进行了深刻的分析。

他指出在个体与图腾动物之间，不存在任何的“神秘”关系。

图腾是一种符码，一种象征语言，它的目的是标明社会差别。图腾是原始人用于对社会群体进行分类的工具。
一个社会通过图腾崇拜所表达的东西，正是上述这些内容。
A 族与 B 族之间的差别，与美洲豹和熊之间的差别，是一模一样的。
B
我们可以用一个例子来解释这种差别：他们都是猎人氏族，但是他们并不相互竞争。

图腾崇拜是一种非常复杂的隐喻。一个社会通过图腾崇拜来描述它自己——它的制度和社会结构。那么，这种隐喻是怎样运作的呢？

自然物种的巨大多样性呈现了一个庞大的**差别**系统的图景。

不同鸟类之间的这样或那样的差别，乃是源于它们羽毛的不同颜色或者它们在求偶时不同的怪异舞蹈。
两种肉食动物的差别源于一种在白天捕食，另一种在夜晚捕食。
一种鱼类洄游至大海产卵，另一种鱼类耗时数周，洄游至上游产卵。


图腾崇拜是一种对社会中的某些差别进行编码的方式，它借助了在自然世界中所观察到的那些与社会差别相似的差别。对于如何进行这种编码，动物寓言作家伊索和拉·封丹显然了如指掌。

## 图腾运算符

在图腾崇拜中，不同社会群体之间的关系系统，作为一个整体，被**比作**那些用来命名这些群体的不同动物（或植物）之间的关系系统。

在作为苏族印第安人邻居的奥色治族印第安人那里，图腾动物将会被肢解并被重新拼装。

头部与脖颈相分离。
脖颈反过来也就与躯干和四肢相分离。
因此，每一个肢体部分都将用于扩充或者修正业已存在的分类。

为了相同的目的，一个动物的组成部分，将会与那些以相似方式被重新组合的动物的组成部分，相互联结。

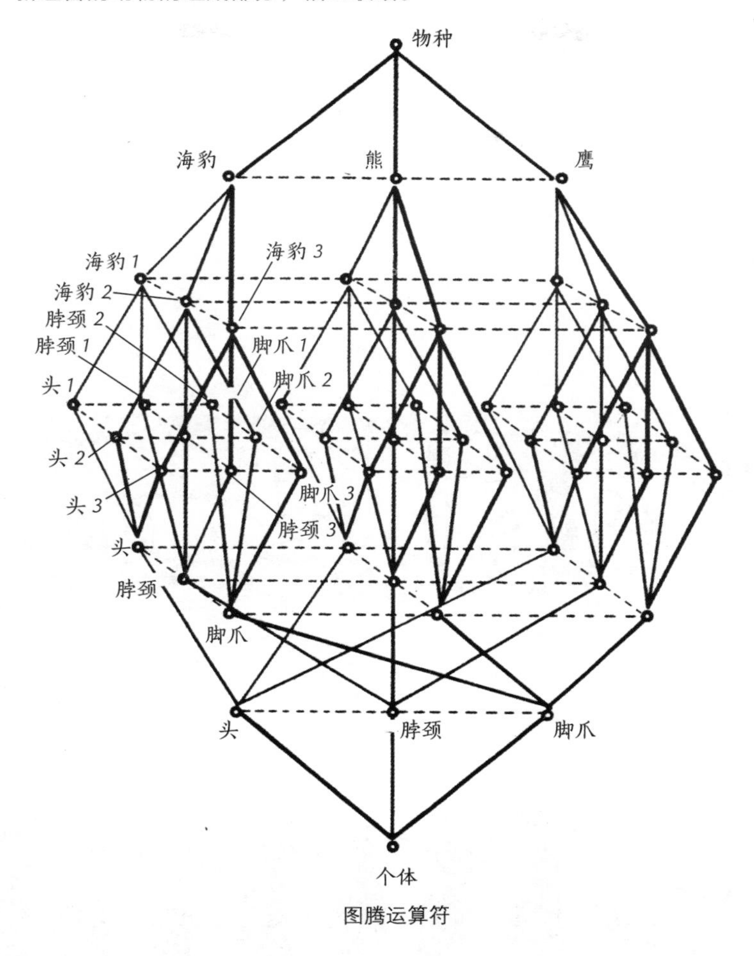
物种
海豹
熊
鹰
海豹 1
海豹 2
海豹 3
脖颈 2
脖颈 1
脚爪 1
脚爪 2
头 1
头 2
头 3
脚爪 3
脖颈 3
头
脖颈
脚爪
头
脖颈
脚爪
个体

图腾运算符

因此，在图腾崇拜中，动物（或植物）可能被当作一种具有多种用途的象征工具，对任何实体进行“去总体化”或者“再总体化”。这些“外科”手术的分类目的是什么？

这个问题的关键在于“**物种**”这个概念所固有的动态特性。

## 物种与系统

图腾动物（生物学物种）被认为是一个有机体，它自身就是一种系统（由头、躯干、四肢等部分组成）。正因此，它是一种将群体概念化为社会“躯体”的方式（这个群体的每个次级分支都相当于这个躯体的一部分）。然而，同样的动物，如果只是一个单独的个体，也可以被概念化为属于某个集合（物种）的一个元素。

这个集合或物种是由在理论上数量无限的相同元素（所有的熊、所有的鹰）所组成的。因此,“图腾运算符”可以被用于对由大量社会群体（每个群体都相当于构成一个物种的个体）所构成的共同体进行概念化，或者对如同复杂有机体一般的社会群体进行概念化。

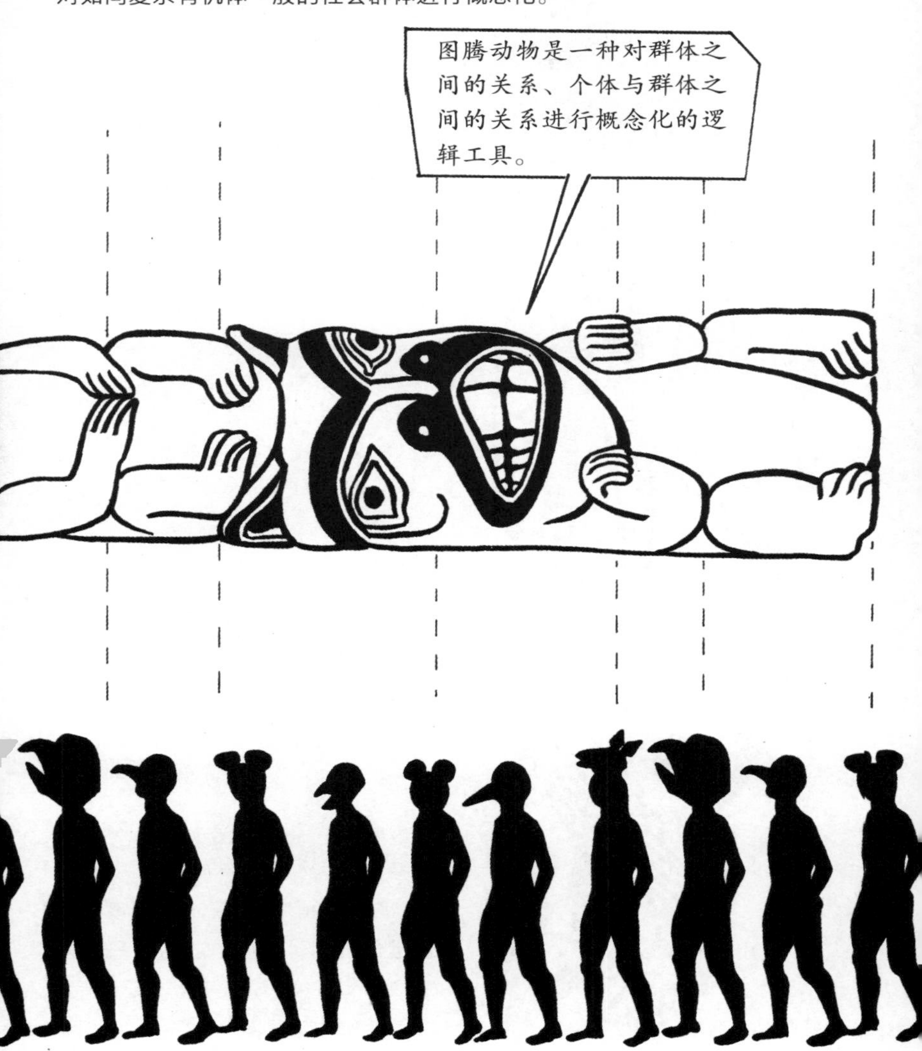
图腾动物是一种对群体之间的关系、个体与群体之间的关系进行概念化的逻辑工具。

## 思维的本质

列维－斯特劳斯认为早期的图腾崇拜理论导致民族志的数据完全错误。然而，更为关键的是，列维－斯特劳斯在图腾崇拜研究上的整体进路，反映了他对于所谓的“野性思维”之本质的一种非常独特的理解。他的分析揭示了隐藏于图腾崇拜背后的**逻辑**。

图腾崇拜的复杂而又时常怪异的术语，实际上表现了一种隐微不显却又完全融贯一致的象征系统。

这一点非常重要，因为列维－斯特劳斯人类学的一大目标就是证明，决定我们思维模式的**根本的心理运作机制**，不仅是放诸四海而皆准的，而且自从人类开始说话之后，它便不曾改变过。

在列维–斯特劳斯对原始人世界的研究中，有一句基本的格言贯穿始终，指引着他，那就是：人类的思维总是一样好。**已经**改变的其实是我们思维所应用的对象。

金属斧之所以优于石斧，并不是因为金属斧比石斧制作得更精良，而仅仅是因为金属与石头是不一样的东西。

如果要对列维–斯特劳斯的人类学进行定位，那么我们可以很方便地用两组对立来呈现：一方面，列维–斯特劳斯与吕西安·列维–布留尔针锋相对；另一方面，列维–斯特劳斯与马林诺夫斯基背道而驰。

## 求知的本能

**吕西安·列维－布留尔**（1857—1939）是列维－斯特劳斯的杰出前辈之一，他贬低原始人，将其归入一个前逻辑思维、前科学思维的世界。

主宰原始人的乃是情感以及一种与自然世界“神秘”合一的感觉。

与列维－布留尔截然相反，我试图揭示原始思维和我们自己的思维一样富有逻辑。

马林诺夫斯基发展了一种功利主义的观点，认为原始思维完全被生命的基本需求所决定。

植物能够被了解，只是因为它们可以被食用。

我不同意这一看法。正如我们在图腾崇拜中已经看到的那样，植物并不仅仅可以被食用，它更能够被用于思考。

列维－斯特劳斯反对马林诺夫斯基的看法，主张原始人能够拥有无利害的知识。列维－斯特劳斯描绘了一幅图景，在其中，原始人沉浸于努力理解自己周遭的自然世界的任务中。

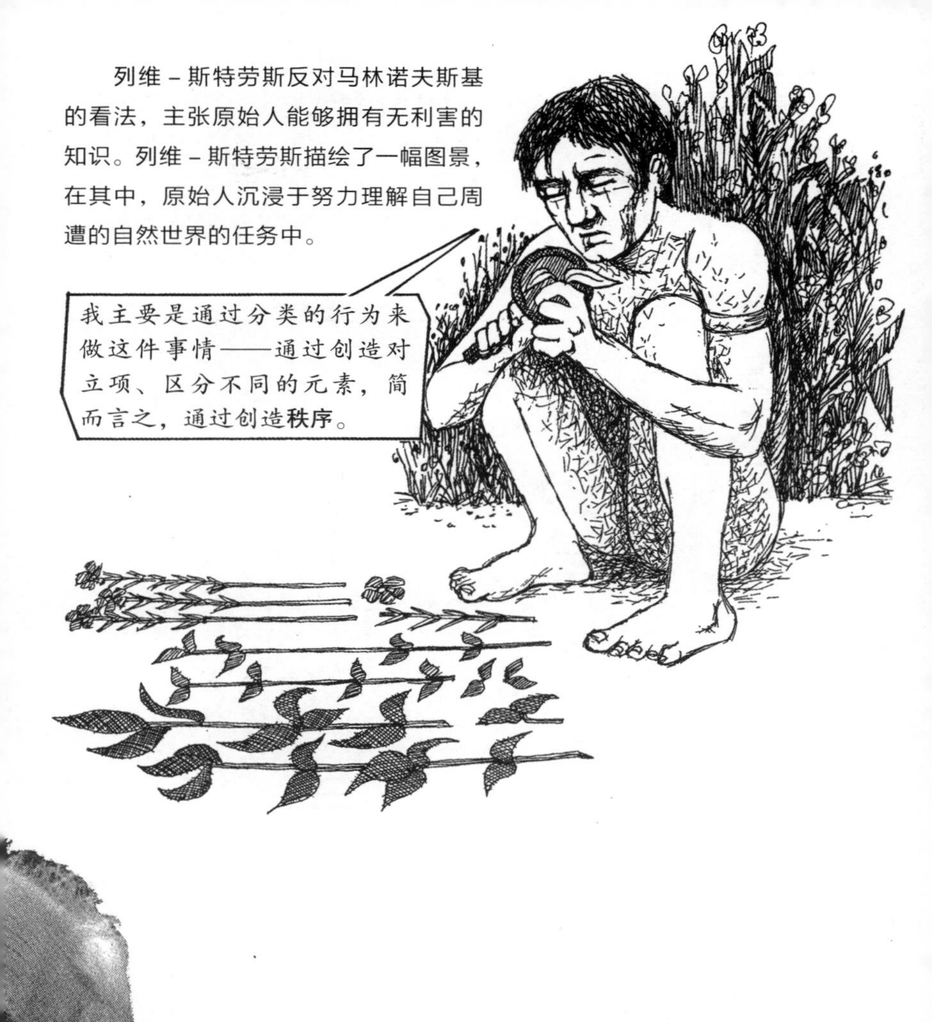
我主要是通过分类的行为来做这件事情——通过创造对立项、区分不同的元素，简而言之，通过创造**秩序**。

驱使原始人从事这些任务的是一种**求知的意志**、一种“求知的本能”。这种求知的意志没有其他的目的，仅仅是为了满足自己。

## 人类学是一门心理学

列维－斯特劳斯试图重新定义人类学的目标，并实现人类学的认识论转向，他对“原始思维”之本质的看法与此息息相关。那么，这究竟是怎么一回事呢？

列维－斯特劳斯曾在法兰西公学院举办精英研讨会，哲学家**若斯·吉莱姆·梅吉奥**（1941—1991）当时是研讨会的成员，他认为列维－斯特劳斯打心底里反对涂尔干。

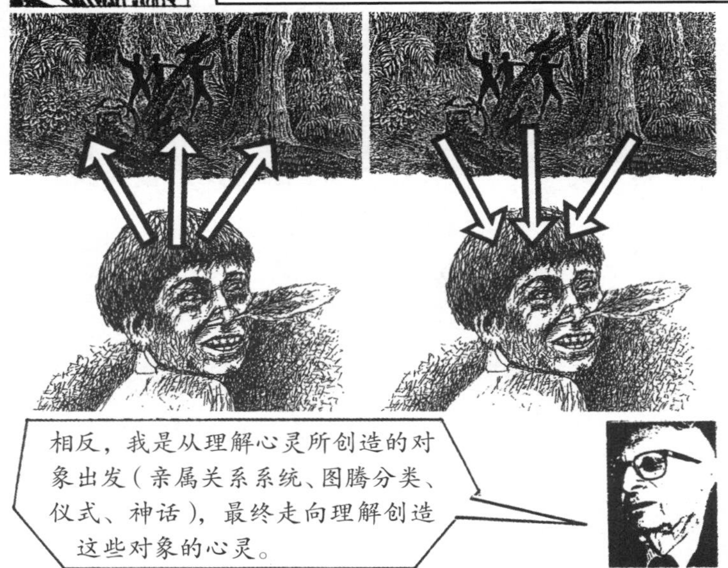
涂尔干
我的解释从心理层面走向社会层面，只有在社会中，我们才能发现终极原因。个体是归属于社会的。
相反，我是从理解心灵所创造的对象出发（亲属关系系统、图腾分类、仪式、神话），最终走向理解创造这些对象的心灵。

对于列维－斯特劳斯而言，“人类学首先是一门心理学”，关注心灵的结构性运行机制。这业已成为他的持久主题。

“自始至终，我的意图不曾改变：从民族志的经验开始，我始终希望能够详细罗列各种心理模式，借此将看似无序的数据化约为某种秩序，并且能够在自由的幻象背后，揭示出一种必然性。”［列维－斯特劳斯］

## 分类或分类学

列维－斯特劳斯对所谓的“原始思维”（“原始”在此不包含任何的贬义色彩）的看法，构成了他在 1962 年出版《野性的思维》（*La Pensée sauvage*）一书的基本背景（不过它的英文名被译为“野蛮人的心灵”[*The Savage Mind*]，显而易见，这是一种误译，其原因将在下文详述）。这本书是列维－斯特劳斯最为复杂，也最具挑战性的著作之一，一经推出，便在哲学家和人类学家中间引发了巨大的争议。这一年，法国哲学杂志《精神》（*Espirit*）推出了以列维－斯特劳斯为主题的特刊。那些年里，结构主义可谓风光无限，这种荣景一直持续到 1966 年。

《野性的思维》的开头选用了一些评论和事例：

- 生活于北美洲西北海岸的契努克族部落的词汇以及他们对抽象词语的用法。
- 天文台所观测到的星球的名字。
- 旋转木马的名字。
- 加蓬的芳族人用各种术语来命名不同种类的动物。

“通过这一方式，我引出了《野性的思维》的核心问题：分类。所有其他的问题都围绕着它。”
STAR
SPIRIT
FLAME

《野性的思维》研究了原始文化的分类方法。它实际上是一部关于**分类学**（taxonomy）的著作。

《野性的思维》继续着列维－斯特劳斯对于图腾崇拜的研究：它研究的对象是总体系统，而图腾崇拜只是这个系统的一部分。不过，《野性的思维》不止于此。通过对原始分类系统的研究，列维－斯特劳斯还揭示了不受时间影响的“野性”思维模式（即“野性的思维”）的运作机制，并对其进行了描述。

那么，分类为什么这么重要呢？

在我试图理解分类系统（更准确地说，是理解作为分类的文化实践）的过程中，真正关键的问题是人类如何与其周遭的环境相处。

《野性的思维》的关注点是原始人如何利用他们知觉经验的组成部分，去构筑象征系统，去构筑最重要的象征系统——分类系统。分类系统是一种概念框架，它使得人们能够将自然世界与社会世界理解为一种有机的整体。

波尼人在专门建造的小屋中开展季节性庆祝仪式。支撑这座小屋的立柱，根据自身所矗立的不同方位，选用了不同类型的树木来建造。
每根立柱都采用象征不同地理方位的颜色来涂绘……
……这些地理方位又与一年中的四季相关。
这些象征性联系并不是随便建立的，它们构筑了一个完整的分类系统、一个概念框架，它将宇宙再现为一个连续体，并且调和了时空观念。
白杨树……白色……西南
复叶槭……红色……东南
榆树……黑色……东北
柳树……黄色……西北
空间
南……夏季
北……冬季
时间

分类系统像一张网一样，笼罩着自然与社会现实。借助分类系统，世界被纳入一个结构整体之中，被囊括到一个象征关系的网络之中，由此，世界自身也被转化为一个有机的整体。

纳瓦霍人区分了两种生物，一种是能说话的生物，另一种是不能说话的生物。动物与植物属于不能说话的生物。

动物的分类所依据的是它们的行动方式是奔跑、飞行还是爬行。
在这三种范畴的基础上，还可以继续进行两种分类：第一种分类所依据的是它们在陆地上还是在水中行动。
第二种分类所依据的是它们在白天还是晚上行动。

在这种分类系统中，每一种生物都能够找到它的合适位置。

一位土著思想家曾经说道："所有的神圣之物都必须拥有属于它们的位置。"在此基础上，列维－斯特劳斯更进一步地表示：恰恰是在属于它们的位置上，它们才变得神圣。

## 分类系统的一些特性

### 1. 相互关联性

分类系统的一个显著特征表现在它们相互联结，共同形成了庞大的概念网络。每一个分类系统都不是孤立存在的，而是根据复杂的象征对应和转化关系，与其他的众多分类系统相互联结。我们可以用一个例子来对此加以说明。

苏丹的多贡族能够辨识出 22 种主要的植物科，其中的一些科还可分为 11 种次级属。这 22 种植物科如果按照正确的顺序排列，可以构成两种植物系：奇数系和偶数系。

在象征生育独生子女的奇数系中，雄性植物与雨季相连，雌性植物与旱季相连。
在象征生育双胞胎的偶数系中，存在着截然相反的联系：雌性植物与雨季相连，雄性植物与旱季相连。

每种植物科都可以被划分为三种类别：树、灌木、草。最后，每种植物科都与身体的一部分、一种技术、一种社会阶级和一种制度相互关联。

## 2. 可扩充性

分类系统几乎能够无限扩充，但同时它也保持着自身的内在统一性。这发生在两个不同的方向上。

**下降**

一方面，分类网络的网眼能够向内收缩。分类变得越来越具体，并且趋向于特殊性（这是分类系统的**分析性**极点）。这种分类系统的最底端，将是以动物与植物为基础的分类，也因此，这种分类系统包罗万象，如同一部广泛收录分类术语的大辞典。

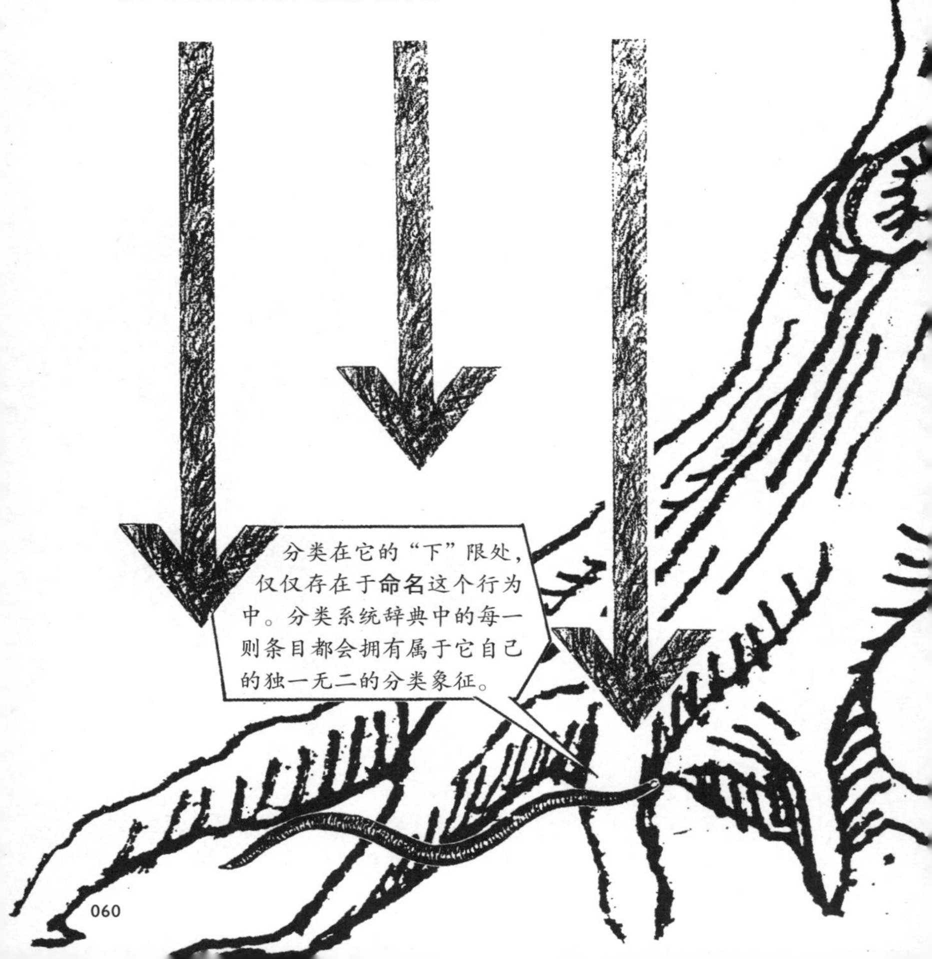
分类在它的“下”限处，仅仅存在于**命名**这个行为中。分类系统辞典中的每一则条目都会拥有属于它自己的独一无二的分类象征。

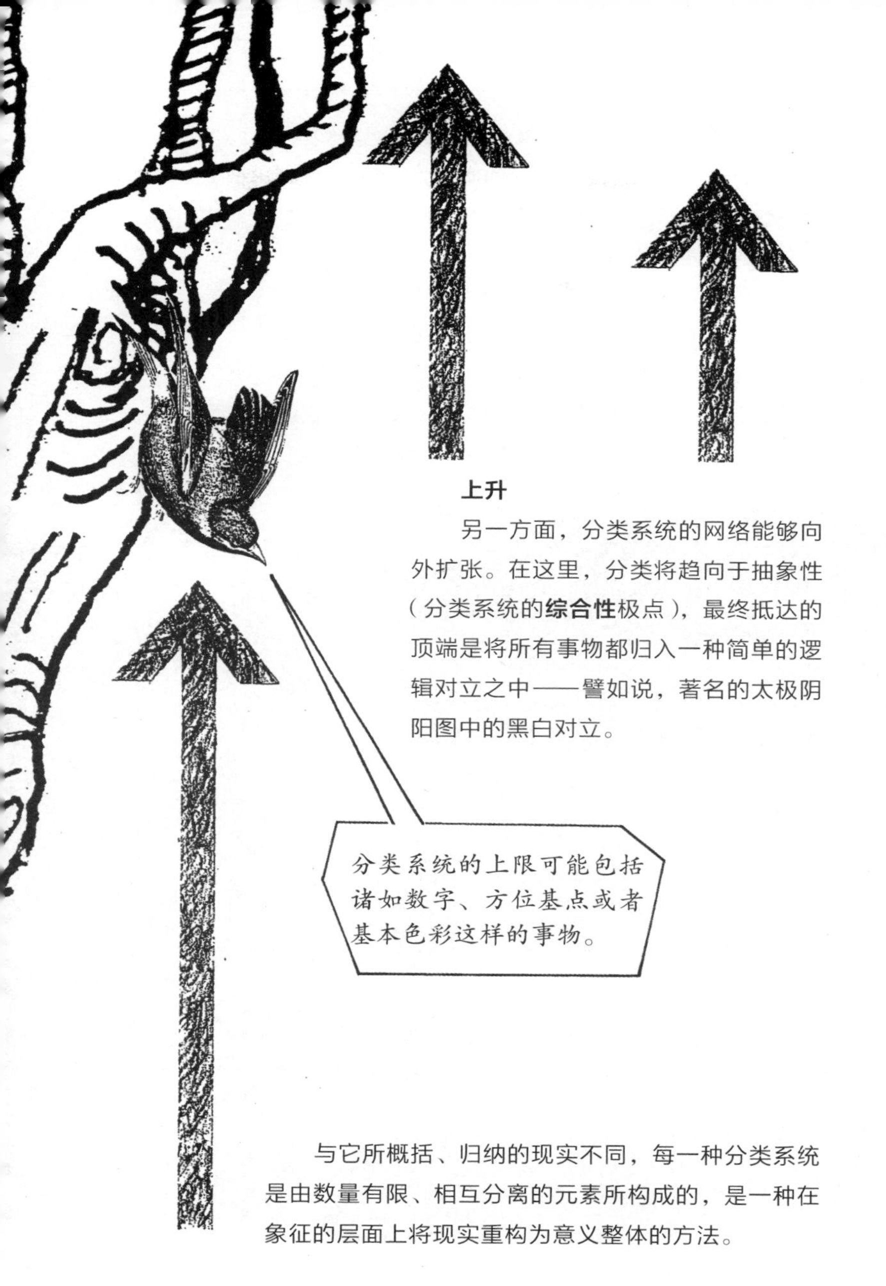
分类系统的上限可能包括
诸如数字、方位基点或者
基本色彩这样的事物。

**上升**

另一方面，分类系统的网络能够向外扩张。在这里，分类将趋向于抽象性（分类系统的**综合性**极点），最终抵达的顶端是将所有事物都归入一种简单的逻辑对立之中——譬如说，著名的太极阴阳图中的黑白对立。

与它所概括、归纳的现实不同，每一种分类系统是由数量有限、相互分离的元素所构成的，是一种在象征的层面上将现实重构为意义整体的方法。

## 何为思维？

列维－斯特劳斯认为野性的思维在文化中发挥着核心作用，而他所研究的分类系统正是野性思维的一种表现。这充分显示出列维－斯特劳斯理论的雄心壮志。通过对分类系统的分析，列维－斯特劳斯试图描述一种独立自主的**思维模式**。

因此，列维－斯特劳斯的主张并不仅仅与人类学家有关，还挑战了所有那些将思维当作他们自己事情的人的观点。

譬如说，**雅克·拉康**（1901—1981）曾在巴黎高等师范学院举办著名的研讨会“精神分析的四种基本概念”（1964），在会上，他问道：

列维－斯特劳斯所谓的“野性的思维”究竟是什么意思？

野性的思维被列维－斯特劳斯当作社会规章制度的基础，虽然它是一种无意识，但是，它足以适应无意识本身吗？

事实上，列维－斯特劳斯的著作标题是一语双关：法语中的“pensées”一词既指思维，又指一种花卉，一种**野生的**花卉三色堇。因此，与其说思维是“未被驯化的”，毋宁说思维是“未被触及的”。它是旷野中的思维。同时，它的身上不存在任何的“野性”。相反，它谨严有序，富有系统，有机统一。

列维－斯特劳斯其实是从法国小说家**奥诺雷·德·巴尔扎克**（1799—1850）那里引用了这个词。

人类思维是一个完整的系统，它就像自然王国中的一个王国，繁花似锦，有朝一日，一位天才将会把这一图景描绘出来，然而，其他人也许会把他当作疯子。

列维 – 斯特劳斯的“野性的思维”一词既是古代的，又是当代的。他认为，欧洲在一万年前或一万两千年前进入新石器时代，原始科学发明了人类文明的主要工艺，例如陶器、织造、农业和驯养动物，而“野性的思维”恰恰构成了原始科学的基础。

尽管从古希腊文化中产生了一种新的科学形式，然而它从未完全取代在它之前的原始科学。野性的思维模式一直与其他在本质上适应于生产力的**特殊化**思维模式（尤其是列维－斯特劳斯所谓的“被驯化的”或“开化的”思维）并存于世。

建造桥梁。
解答数学方程式。
计算概率。

那么，列维－斯特劳斯对原始科学之本质的理解，究竟是如何清楚解释了“野性的思维”呢？

科学思维包含了两种不同的模式：一种是现代科学，它是从古希腊文化中产生出的。另一种是更为古老的“野性的科学”，它的起源可以一直追溯至新石器时代以前。然而，这两种思维模式并不是像人们所以为的那样属于一种人类进化（或者一种人类差别）的产物，因为在列维－斯特劳斯看来，“人类的思维总是一样好”。相反，它们相当于两种透彻理解自然的科学策略：一种策略是直接依赖于**感性知觉**，另一种策略则完全排除了感性知觉。

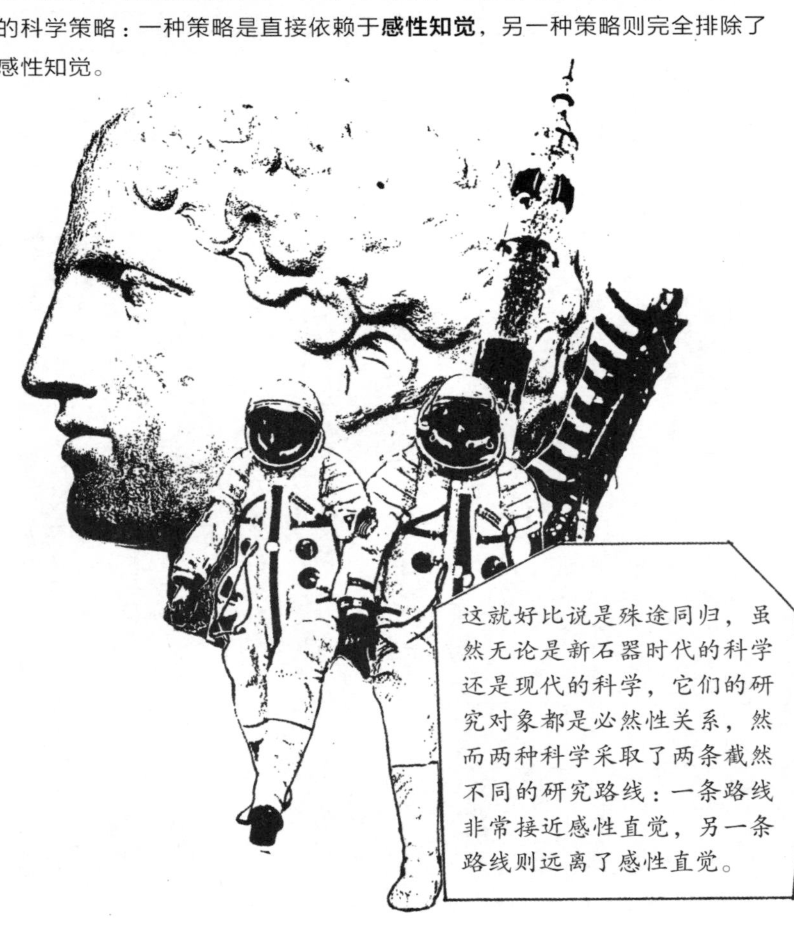
这就好比说是殊途同归，虽然无论是新石器时代的科学还是现代的科学，它们的研究对象都是必然性关系，然而两种科学采取了两条截然不同的研究路线：一条路线非常接近感性直觉，另一条路线则远离了感性直觉。

## 具体的逻辑

作为原始科学的基础，“野性的思维”特别之处在于它是直接通过感性知觉的材料来运作的。它是一种感性知觉的逻辑，列维－斯特劳斯有时候把它称作“具体的逻辑”。

这种思维模式既是自发的，又是连贯一致的，既充满具体的图像，又是一种独特的理论工具。它根植于 17 世纪英国哲学家**约翰·洛克**（1632—1704）所谓的“第二性质”。

第二性质是物体的那些可以被首先感知到的性质：颜色、声音、气味、味道、质地等等。
它与“第一性质”截然不同。“第一性质”不能与人们对物体的观念分开，它包括了体积、广延、形状、运动和数量等性质。

## 类比的思维

具体的逻辑驱动了“野性的思维”，它将庞大的**类比**系统中的各种感观知觉材料直接联系在一起。形状、颜色、味道以及所有其他可以被观察到的性质都被联结在一起，并被用作符码的构成要素。

与现代的逻辑截然相反，具体的逻辑并不依赖于任何抽象的形式化。

具体的逻辑是在经验的层面上运作的。在经验的层面上，具体的逻辑就像香料或者香水那样的事物，具有直接可感的特性。

为了有效地帮助人们理解这一点，我们可以将具体的逻辑与某些通过感官来“与我们交谈”的艺术作品联系在一起。如果一幅画中的湖泊让人感到静寂无声，那么这不是因为它象征了静寂无声，或者甚至“再现”了静寂无声：静寂无声就*在那儿*，内在于湖泊的图像中。列维－斯特劳斯自己就引入了与审美经验的比较。

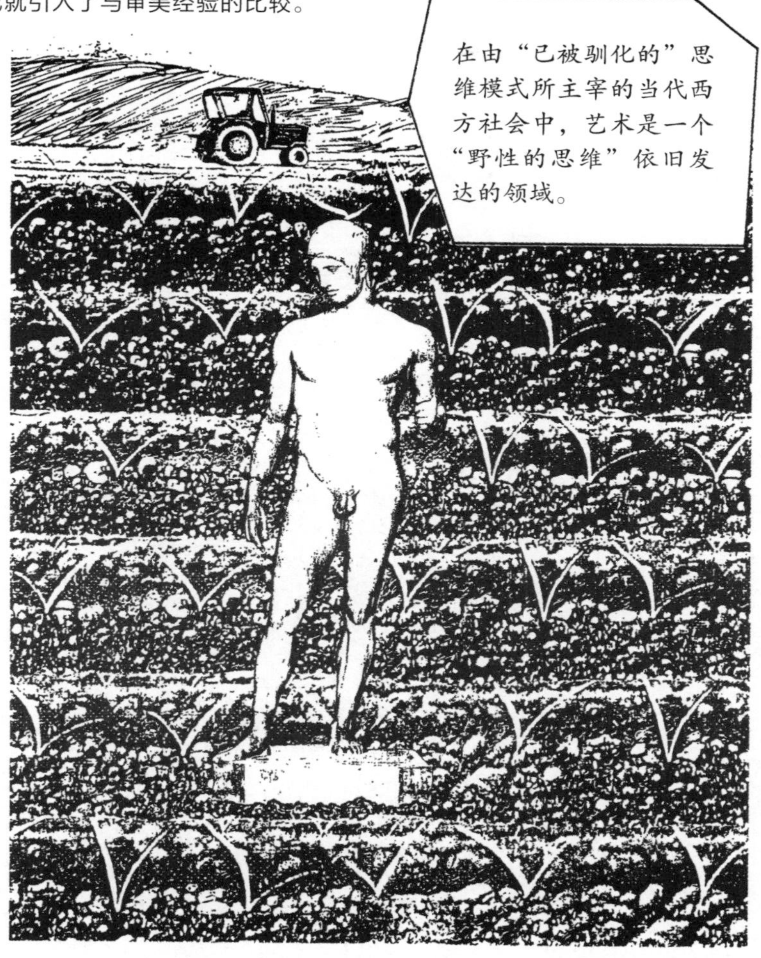
在由“已被驯化的”思维模式所主宰的当代西方社会中，艺术是一个“野性的思维”依旧发达的领域。

对于列维－斯特劳斯而言，“具体的逻辑”是“*野性的思维*”的一个方面，当代社会中的艺术堪称“具体的逻辑”的自然保护区。

## 具体的逻辑如何运作？

具体的逻辑直接从感性经验材料之中构筑出有机的系统。就此而言，自然可以说是提供了近乎无限的可能性，具体的逻辑便是从自然之中，挑选出那些能够在给定的系统中有效运作的独特性质。

就此而言，具体的逻辑所遵循的是自然语言的运作机制。

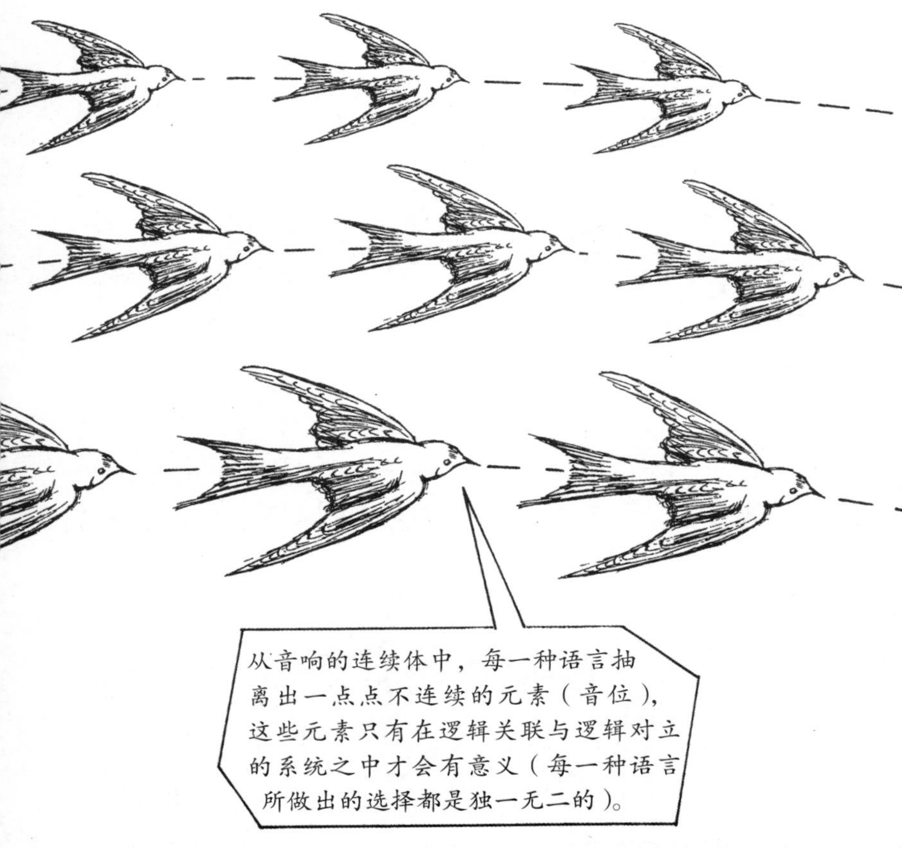
从音响的连续体中，每一种语言抽离出一点点不连续的元素（音位），这些元素只有在逻辑关联与逻辑对立的系统之中才会有意义（每一种语言所做出的选择都是独一无二的）。

让我们以南婆罗洲的伊班人部落为例，看看具体的逻辑是如何在占卜的系统中运作的。

伊班人的占卜系统是由七种鸟类的飞行状况和鸣叫声组成的，它们之所以被伊班人挑选出来，是因为它们都拥有某些特殊的特征。

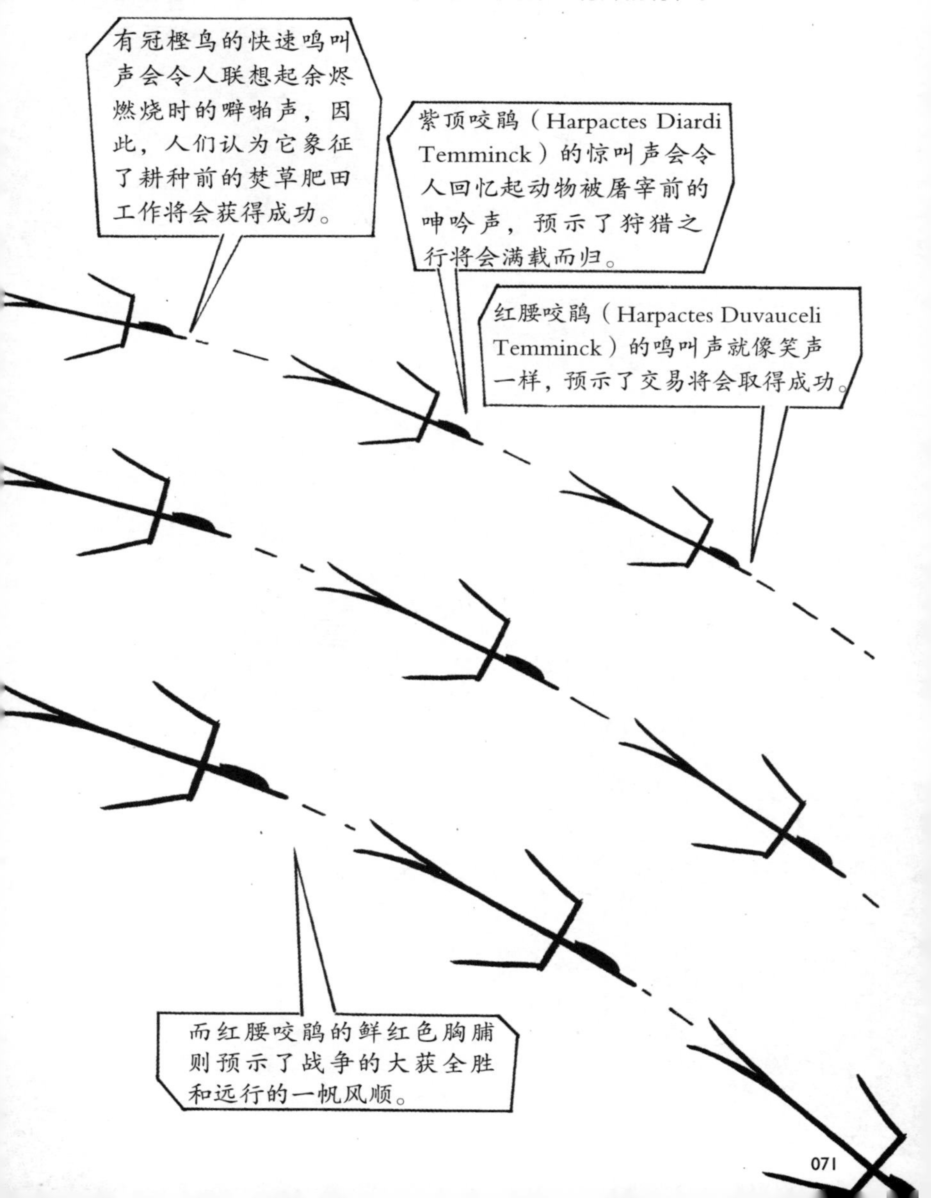

有冠樫鸟的快速鸣叫声会令人联想起余烬燃烧时的噼啪声，因此，人们认为它象征了耕种前的焚草肥田工作将会获得成功。
紫顶咬鹃（Harpactes Diardi Temminck）的惊叫声会令人回忆起动物被屠宰前的呻吟声，预示了狩猎之行将会满载而归。
红腰咬鹃（Harpactes Duvauceli Temminck）的鸣叫声就像笑声一样，预示了交易将会取得成功。
而红腰咬鹃的鲜红色胸脯则预示了战争的大获全胜和远行的一帆风顺。

简而言之，具体的逻辑可以被理解为“尊重并利用感觉材料。”

人们通常认为，法国哲学家**勒内·笛卡尔**（1596—1650）在他的著作《论在科学中正确行使理性和获得真理的方法》（又译为《谈谈方法》，1637）中，为现代科学思想奠定了基础，建立了他所主张的科学研究之指导性原则。

我的方法是将任何问题尽可能地分解成许多部分，直到这个问题能够解决为止。人们通过对部分的研究，最终能够理解整体。
与此相反，野性的思维满足了真正的总体性野心。

笛卡尔的逻辑是要将事物分解，“野性的思维”却像诗歌的隐喻思维一样，将事物凝合。野性的思维最关注的是在事物之间建立联系。

关于“野性的思维”，列维－斯特劳斯写道：“它的目标是用可能性最小的方法，去实现对宇宙的一般性理解——这种理解不只是一般性的，更是总体性的。也就是说，这种思维模式必然意味着如果你不理解所有的事物，那么你就不能解释任何的事物。”

这种思维模式如何能够像科学研究的方法一样有效呢？
我并不是说原始的科学或者“野性的”科学能够产生与现代科学一样的结果。

列维－斯特劳斯认为，在理解它自己的（感官知觉）的层面上，原始科学能够运作。那么，它是如何运作的呢？

## 原始科学如何运作？

原始科学家仅仅在感觉材料信息的基础上进行推论。他凭借着直觉，认为自然事物身上可以被观察到的性质其实昭示着其他隐藏着的属性。尽管这种理解不是“科学的”理解，然而它可以让世界在某种程度上得以有序运作，因为事物的外在表象反映了某些内在的真相。因此，自然世界中的秩序既能够被诗人与艺术家用感觉去感知，也能够通过科学理论而被认识。这两种都是理解事物的方式。

为了证明自己的观点，列维－斯特劳斯诉诸我们自己的感性知识。

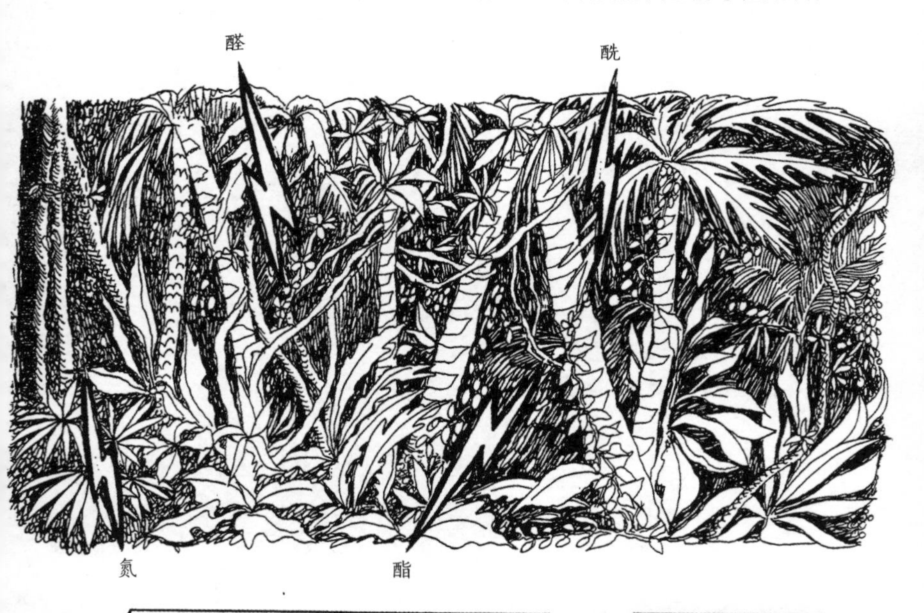
醛
酰
氮
酯

光是感性信息，就足以告诉我们，烟草的烟雾一方面可让人联想起烤肉和黑面包；另一方面，可让人联想到芝士、啤酒和蜂蜜。

现代科学解释了原因：一方面，烟草的烟雾、烤肉和黑面包都含有氮；另一方面，烟草的烟雾、芝士、啤酒和蜂蜜都含有双乙酰。

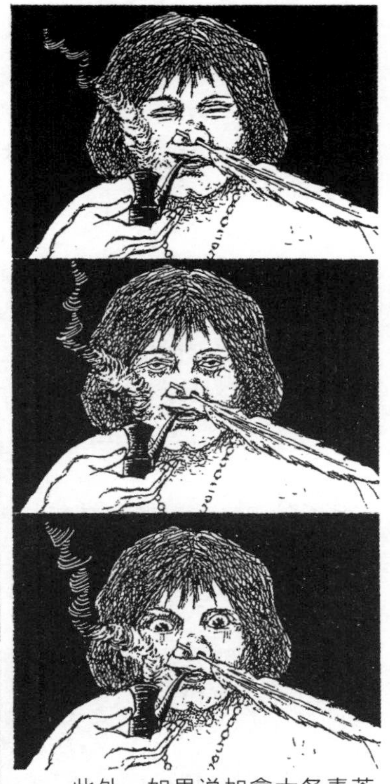

与之相似，我们的感觉告诉我们野生樱桃、肉桂、香草和雪莉酒同属一类；事实上，它们都含有醛。

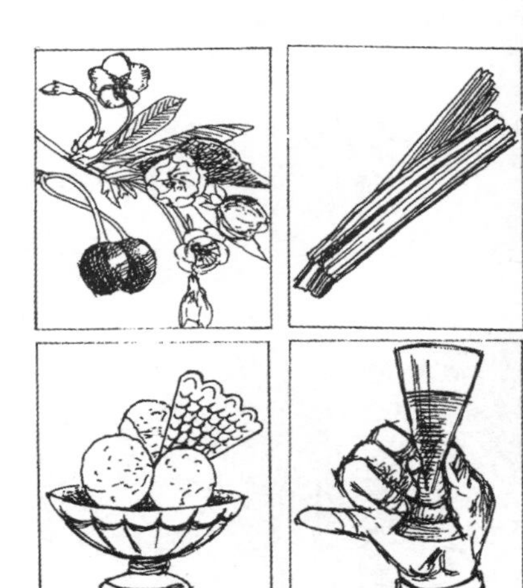

此外，如果说加拿大冬青茶、薰衣草和香蕉三者的气味差不多，那么，这是因为它们都含有酯。

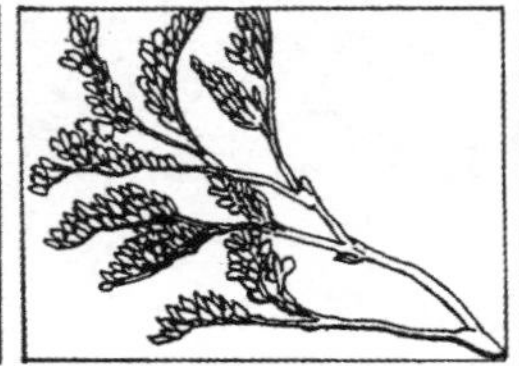

换而言之，在对世界的认识方面，我们的感性知觉有时候足以媲美科学实验中的试管，能够得出某些与科学实验相同的结论。在这个高科技的时代，列维－斯特劳斯提醒我们，人类可以采用不同的方式去认识世界。科学与“具体的科学”分别为我们提供了理解真相的方式。

## 修补

为了描述“具体的逻辑”的运作方式（亦即野性思维的本质），列维－斯特劳斯采用了一个不同寻常的类比。他认为具体的逻辑相当于心灵的*修补*，亦即智性的 D.I.Y。

列维－斯特劳斯的“*修补*”概念所适用的对象非常广泛，从人类学家到文学批评家再到哲学家，这些人都能在列维－斯特劳斯对“*修补师*”的描述中发现自己的影子，并且可以从中受益。

列维－斯特劳斯认为*修补师*的工作与工程师的工作截然相反，他利用这组对立去描述两种不同的理解模式的特性，这两种理解模式分别构成了原始科学与现代科学的基础。

与此同时，列维－斯特劳斯也将他的“*修补*”概念应用于神话，并因此提出了这样一个问题：“修补”概念究竟与人们对艺术创造过程的理解有什么特别的联系？

在我对修补师的描述中，
修补师的形象总是近乎艺术家。

这是*修补师*的工作方式。

工程师为他所从事的每一个新项目，都专门创制特殊的工具和材料。与之不同的是，*修补师*总是使用二手的材料。

我收集其他东西的碎片和残渣，把它们重新组合起来，并用它们来创造新的东西。

由于修补师必须使用他手头上有的东西，因此，*修补师的*工作总是充满着偶然性。

列维-斯特劳斯用两个类比来刻画神话。第一，从起源上来讲，神话同*修补*一样，是由那些完全不同的要素组成的：神话从种种事件之中创造出它的结构（譬如叙述）。

第二，神话的建构，总是利用了那些从过去的社会话语中脱落的元素。在这个方面，神话也与修补十分相似。

修补是一种组合逻辑的形式。

*修补师*占有了一堆事物（“宝藏”）。由于它们被一套可能性关系（*修补师*会选择将其中的一种关系变成现实）所束缚，因此，它们其实占有着“意义”。

也因此，一块橡树木既可以被当成用来固定东西的楔子，也可以被用作支撑艺术品的基座。

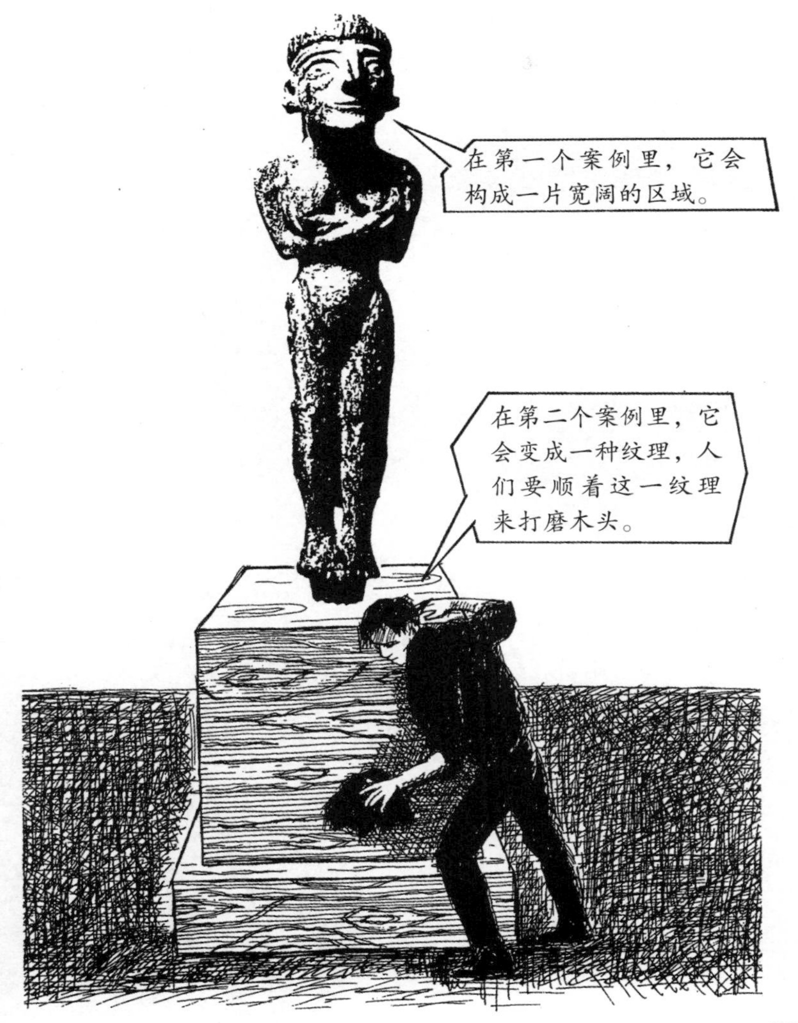
在第一个案例里，它会构成一片宽阔的区域。
在第二个案例里，它会变成一种纹理，人们要顺着这一纹理来打磨木头。

## 以符号行事

在原始科学中，被科学家–修补师像对待陈旧的钟表一样地解构并重组的东西乃是大自然自身。具体的逻辑用诸多不同的方法，将从大自然中挑选出的知觉要素，进行相互组合与对照。原始科学是一种修补形式，其所使用的基本材料是**知觉对象**，或者更准确地说，是被提升为符号的知觉对象。

知觉对象是我们所感知到的对象在我们脑海中的形象。当这些知觉对象被用来构筑象征体系的时候，它们就变成了符号。

列维-斯特劳斯表示，当工程师是以概念行事的时候，以各种形象示人的修补师则以符号行事。概念“与现实毫无瓜葛”（譬如，概念在观念和世界之间无法插入任何物质实体），符号却是那些早已带着人类创造进程之烙印的具体事物。我们可以用索绪尔的语言学术语来理解这一点。

符号总是声响或图像（某种具体的事物）与观念的结合体。
修补师所搜集的要素（符号）早已被这些要素的特殊历史和它们之前的使用状况所塑造了。


要素（符号）的身上总是包括了这些要素（符号）过去的意义（用法）的碎片，修补师被迫要用这些碎片来进行组合。因此，在修补师面前所敞开的可能性总是十分有限的，并且在某种意义上，是被预先决定了。

一方面，工程师或者现代科学家持续扩大着他们工作领域的边界。他们始终希望能够超越一切已知的可能性。凭借着结构（他们的理论和预设），他们制造了以探索与发明为形式的事件。

另一方面，修补师收集和重新整理那些之前被传输来的“信息”的要素。他试图用新的方式把它们排列组合起来。不过，他虽然把东西拆解下来，却没有改变它们的本质，亦即没有改变它们的内在组织结构。

那么，修补师的工作有什么意义呢？为了追寻意义，修补师试图寻找到新的组合变体。正如列维 – 斯特劳斯所言，修补师的工作是抵抗无意义。

**修补师**总是通过他所创造的东西，来揭示他自己的情况。他所做出的每种选择，实际上都反映了他自己的生命和性格。

## 列维－斯特劳斯与布拉格语言学派的联系

布拉格语言学派吸收并发展了索绪尔的结构主义语言学的基本原则。这一学派的影响极其深远，其理论对结构主义者具有重要的意义。**罗曼·雅各布森**（1896—1982）是布拉格语言学派的创始成员之一。他出生于莫斯科，在年轻的时候移居至捷克斯洛伐克，在那里，他领导了布拉格语言学派的大量工作。

当1939年纳粹德国的军队入侵捷克斯洛伐克的时候，雅各布森逃离了捷克斯洛伐克，并最终离开欧洲，前往美国。1941年，他抵达了纽约。在那里，雅各布森遇到了列维－斯特劳斯，并结下了终生的友谊。他们二人均任教于纽约的人文高等研究学院，1942年，他们开始参加对方的讲座。

在他们二人的思想交流中，究竟有哪些特别重要的内容呢？

罗曼·雅各布森
我决定将结构主义语言学的经验教训引入人类学。
通过这样做，列维－斯特劳斯开辟了在其他的领域——尤其是社会科学领域——应用语言学方法与理论的新道路。
但是，这些方法同样能够被应用于文学批评……
……这些方法也同样可以应用于精神分析。
罗兰·巴特
雅克·拉康

列维－斯特劳斯为整整一代的思想家指明了如何在他们的研究中应用语言学理论。结构主义语言学强调语言是关系性的结构或系统。正如爱丁堡大学的语言学教授约翰·莱昂斯所言："语言学单位仅仅是关系系统或关系网络中的结点；它们是这些关系的终点，并不能先天地独立存在。"

列维－斯特劳斯由此得出了结构人类学的金律：构成要素之间的相互关系总是比构成要素自身更为重要——这是结构主义信条的本质。

我将民族学材料融入紧密结合的象征系统之中，并主张文化自身就是一个系统，它包括语言、亲属关系系统、经济关系、艺术、科学与宗教。
我在索绪尔研究的基础上，更进一步提出，那个将语言学单位联结起来的关系网络构成了一个二元对立的系统。

列维－斯特劳斯跟随雅各布森的步伐，揭示了二元对立以及其他结构性二元论在人类所创造的象征系统中的重要性。这已然成了列维－斯特劳斯的结构主义方法的一大标志。

## 热社会与冷社会

列维－斯特劳斯选择用法国著名作家**马塞尔·普鲁斯特**（1871—1922）的《追忆似水年华》最后一卷的标题“重现的时光”，来命名自己的《野性的思维》倒数第二章。通过这样的方法，列维－斯特劳斯引出了原始文化与时间（历史）的关系。

列维－斯特劳斯认为存在两种社会：热社会和冷社会。热社会是西方社会得以建立的基础，它可以比作热力机械（蒸汽机）。尽管它们都能够完成大量的工作（譬如创造秩序），但是热社会也会像蒸汽机那样，产生大量的能量耗散或者**熵**（无序）。并且就像蒸汽机是从自身的热部件与冷部件的差别中获取能量一样，热社会的运行也依赖着另一种内在差别的存在：**社会等级制**。

## 书写与社会等级制

列维－斯特劳斯主张，在这些等级制度的出现与**书写**的发明之间存在着密切的联系。书写是一种被一个阶级用作控制另一个阶级的权力工具。书写的第一个用途似乎是制定法律与规则，起草契约，记录库存。

这些都是社会的一部分成员控制另一部分成员的模式。

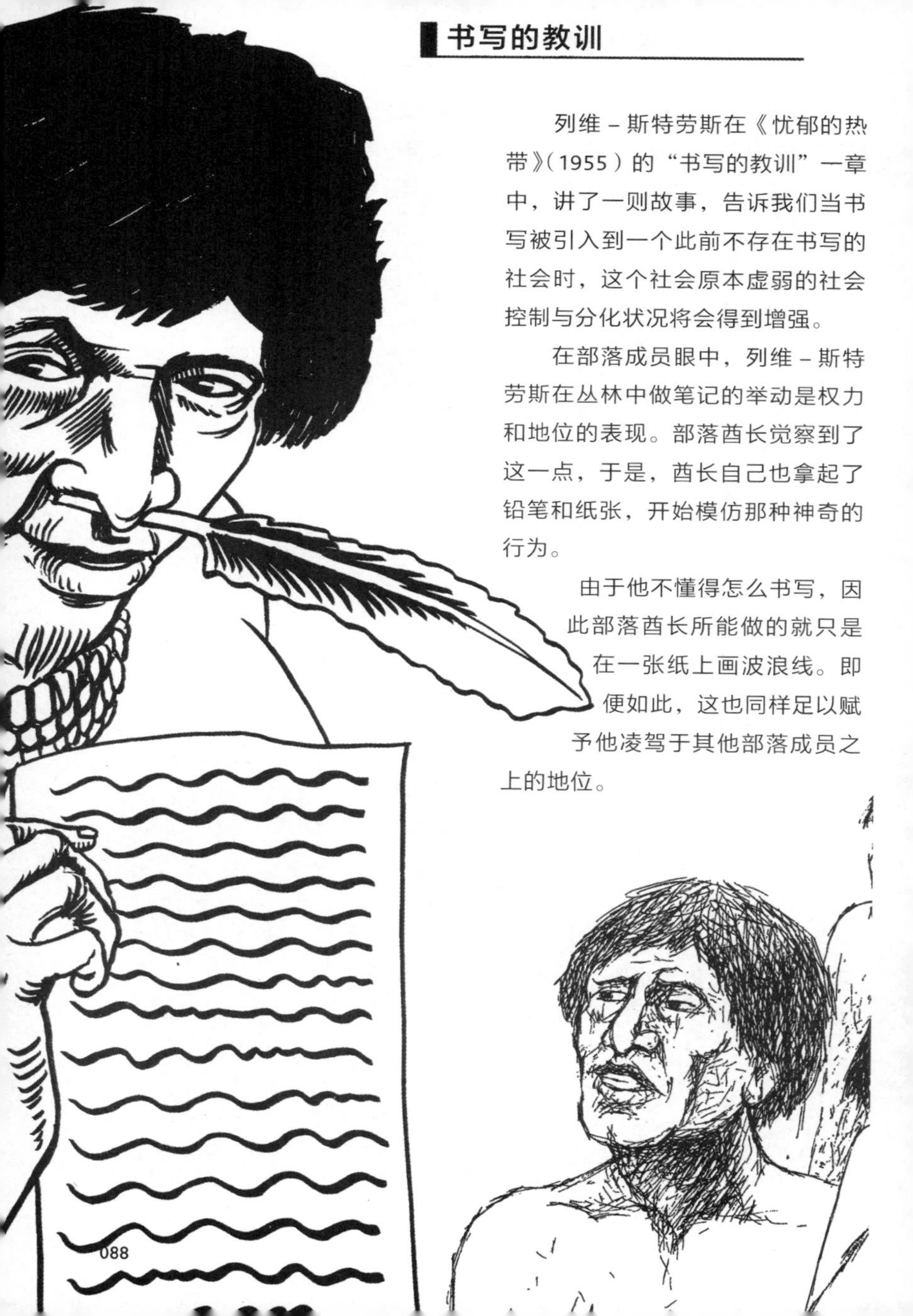

## 书写的教训

列维－斯特劳斯在《忧郁的热带》(1955)的“书写的教训”一章中，讲了一则故事，告诉我们当书写被引入到一个此前不存在书写的社会时，这个社会原本虚弱的社会控制与分化状况将会得到增强。

在部落成员眼中，列维－斯特劳斯在丛林中做笔记的举动是权力和地位的表现。部落酋长觉察到了这一点，于是，酋长自己也拿起了铅笔和纸张，开始模仿那种神奇的行为。

由于他不懂得怎么书写，因此部落酋长所能做的就只是在一张纸上画波浪线。即便如此，这也同样足以赋予他凌驾于其他部落成员之上的地位。

颇受争议的法国哲学家、解构主义创始人**雅克·德里达**（1930—2004）在其影响深远的后结构主义文本《论文字学》（1967）中，讨论了这则故事。

我把列维－斯特劳斯的故事解读为人类学家对声音（在场）高于书写的怀旧情结。在我看来，西方思想的一大特征就是认定声音（在场）高于书写。

对德里达而言，书写**总是已经**在文化中在场。

## 冷社会如何抵抗变化？

有一种对冷社会的定义是：冷社会是没有书写的社会。列维－斯特劳斯将冷社会比作钟表，冷社会与钟表这类机械均只需要消耗细微能量，就可以长时间地运行。它们的目标是使它们自己保持均衡，把“摩擦”降到最低。就此而言，冷社会比热社会更为公平，生态环境也更好。

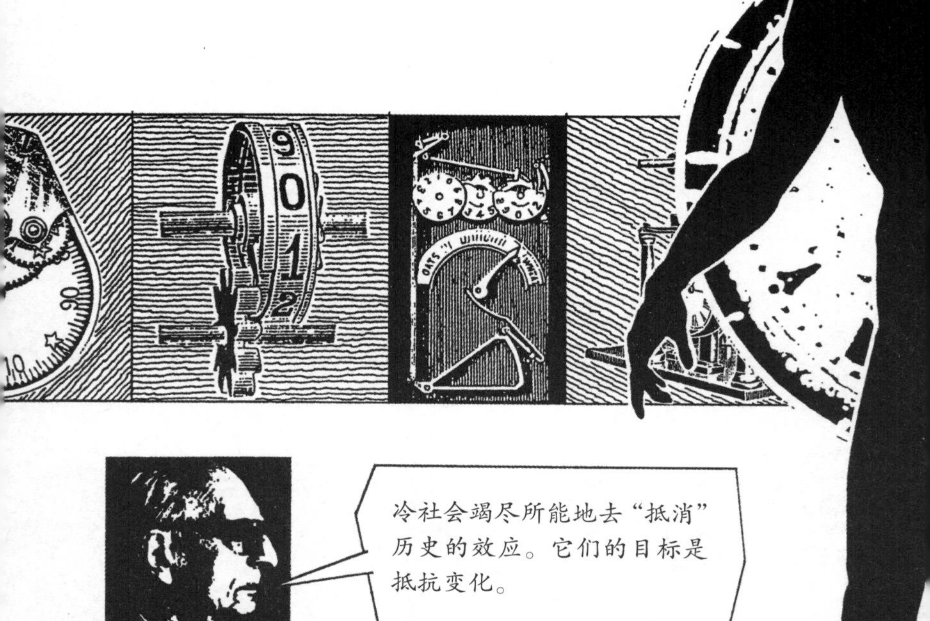
冷社会竭尽所能地去“抵消”历史的效应。它们的目标是抵抗变化。

那么，冷社会是如何抵抗变化的呢？答案是将一种**自体平衡**（自我调节）的功能施加于它们的制度、社会政治实践与再现系统上。这表现在它们对仪式和分类系统的使用上。

列维－斯特劳斯描述了福克斯族印第安人的葬礼仪式。这一葬礼仪式包括了玩一场象征生死对立的游戏。

游戏的目的是将彼此对立的世界联结起来并团结在一个单一共同体之中。

在很多仪式开始的时候，神圣与世俗、旁观者与主持者、生者与逝者相互分离。仪式最终要达成的目标是克服这种分离状况，将这些对立类别统一起来。

## 游戏、仪式与分类

仪式与游戏相互对立。游戏是热社会的一项典型活动，利用结构（游戏的规则）去制造事件（胜利或者失利）。游戏在本质上是**分离性的**，因为游戏的目标是将赢家与输家分离开来。仪式本质上是**联结性的**，其目标是将人们团结起来。

新几内亚的伽乎库—伽马人被教授打橄榄球，但是他们所设计的锦标赛具有一种独一无二的特点。
我们尽可能地打很多场比赛，一直打到对方也得到相同的分数。

他们将仪式的确切功能赋予了游戏。

分类系统（原始文化用来使其社会井然有序的概念工具）能够起到一种与仪式相似的功能。它们也能够将事件（偶然性）融入结构（符码）之中。借用列维－斯特劳斯用于描述音乐的话来说："它们是那种用于抑制时间的机器。"

图腾分类采用动物或植物的名字来为社会群体进行命名，它被设计用来持续适应人口变化，譬如人口水平的激增或骤降。

这些变化尽管没有真正改变图腾系统的本质，却重新组织了它的内在结构。

三重对立将让位于由两组对立所组成的四重对立。

**天与水**

**日与夜**

每一个都与一种类型的龟相关。

这种分类系统是使得原始文化始终很“酷”的调节机制。

列维－斯特劳斯将图腾分类比作被河流卷走的宫殿。它首先被拆散，然后水流的潮汐变化和它在路上所遇到的障碍，将其不断地重新组合。

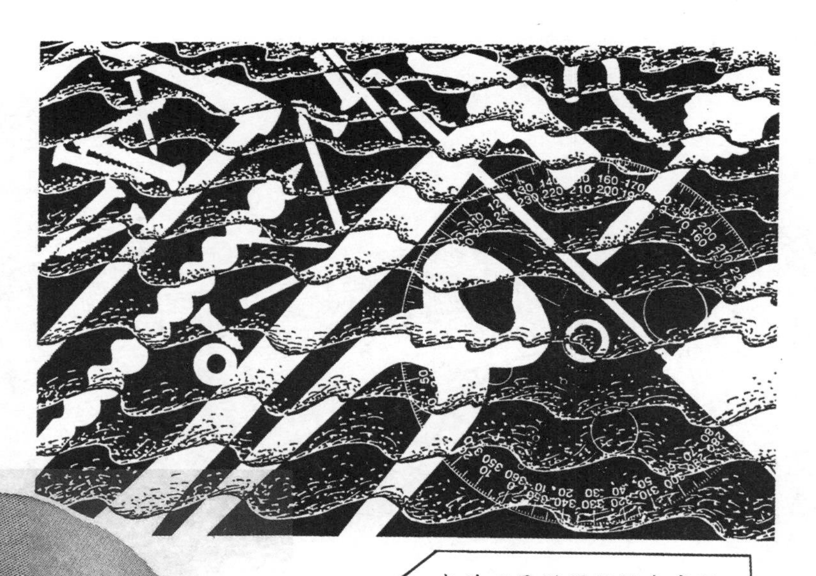

我并不是说原始社会实际上存在于历史之外，或者存在于某种不同的时间维度上。就像其他任何的社会一样，原始社会也拥有属于它们自己的过去，并且这个过去参与塑造了它们的现在。

对于作为一种文化范畴的“历史”以及不同的文化如何处理它们自己与“历史”之关系的问题，列维－斯特劳斯颇有兴趣。

## 作为线性时间的历史：热社会

真正重要的乃是热社会与冷社会如何采用不同的方法来概念化它们与时间的关系：它们如何想象它们自己在时间中的存在。正如列维－斯特劳斯所指出的那样，这是因为，一个社会的自我形象是这个社会自身现实状况的必不可少的部分。

时间的形象形成了热社会与冷社会的根本差别。

热社会将过去与现在置于一个单一的连续体中：置于“进步”的轨道上。对于“进步”的终极价值，列维－斯特劳斯的态度十分矛盾。

时间表现为一个累积序列，每一个时刻都来自前一个时刻，并预示后一个时刻的到来。

对时间的这种表现是与热社会对变化（进步）的推崇密切相关。列维－斯特劳斯表示热社会“将‘历史时间’的观念内在化为它们发展的动力”。

历史是一个内在于特定社会之中的范畴，等级制（热）社会正是通过历史来理解它们自身的存在。历史并不是一种所有人类群体都能以相同的方式生活于其中的环境。

历史是一种人类建构的产物，是一种文化的发明。

## 作为循环的时间：冷社会

相反，冷（传统）社会认为现在既是由过去而来的，又是*与过去相互平行的*。我们可以用美洲印第安文化作为例子，来对此进行说明。

我们将人类社会的起源追溯至一个神秘的过去，人类虽然脱离了这个神秘的过去……
……却趋向于一个人兽未分的时代。

这个神秘的过去以一种非时间的模式继续存在着，内在于自然之中。而人类社会被解释为这种可以在自然中被感受到的秩序的外在投射。

列维－斯特劳斯表示在冷社会中，虽然确实有一个“之前”和一个“之后”，然而，它们的作用仅仅是去反映对方。

时间被铭刻于一种循环之中。

## 列维－斯特劳斯的美学

对于列维－斯特劳斯而言，对艺术的理解始终非常重要。

对于人类学家而言，原始人的艺术品堪称无价的文献。
它们提供了有关一个社会的信仰与社会组织状况的至关重要的信息。
就此而言，这些艺术品是人类学研究的重要工具。
然而，这些艺术品还可以是深厚审美情感的来源，也因此，它们是美学沉思的来源。

对列维－斯特劳斯而言，原始艺术始终既是文献，也是审美对象。

列维－斯特劳斯研究了原始文化的艺术品，其中既有加拿大英属哥伦比亚地区印第安人的面具和服饰，又有巴西热带雨林地区印第安人的神话传说。通过这些研究，列维－斯特劳斯发展出一种美学概念，这一美学概念的创新之处来自它与原始艺术的紧密关系，列维－斯特劳斯一直试图破解原始艺术的启示。

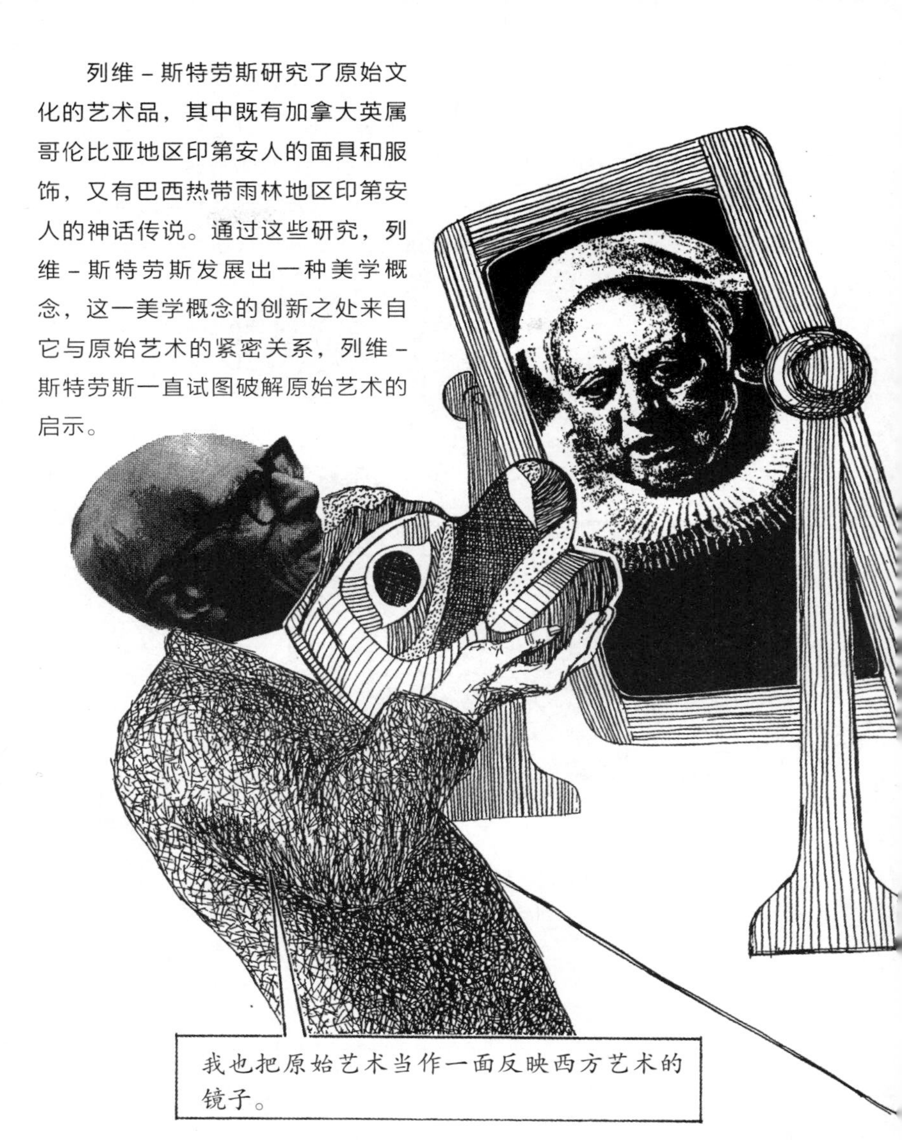
我也把原始艺术当作一面反映西方艺术的镜子。

“我对神话的兴趣来自我难以解释的深沉情感。什么是优美的事物？审美情感是由什么构成的？或许，最终这就是我一直试图通过我的神话研究所要理解的内容，即便我未曾完全意识到这一点？”［列维－斯特劳斯］

## 符号 vs 模仿

列维－斯特劳斯认为有两种针锋相对的关于艺术品的观点，一种观点认为艺术品是**符号系统**，另一种观点主张艺术品是**模仿再现**。这两种观点为艺术家们指出两条宽泛的进路。列维－斯特劳斯表示第一种观点是原始艺术的典型特征，第二种观点是西方古典艺术的典型特征。

原始艺术的独特之处在于它不打算像照片那样，去再现事物，而是力图像语言那样，去指示事物。

原始艺术的目标不是模仿（古希腊语是 *mimesis*）。自柏拉图与亚里士多德以来，模仿就成了西方艺术的主要目标之一。原始艺术的目标乃是建构一套符号系统，与之相反，西方古典艺术的首要目标是创造使人信以为真的幻觉，用列维－斯特劳斯的话来说，就是“摹本”。

原始艺术家受限于他自己的材料。他没有那种能够忠实再现事物的工具或者材料。

但是大多数时间，这并不是原始艺术家想要创造的作品。他已经选择了符号的进路。

这其实同原始文化中的艺术与巫术信仰或宗教信仰的特殊关系有关。原始文化的世界浸透着超自然之物，因此，根据定义，它远离了再现。艺术家无法给出它的复制图（“摹本”）。对于原始艺术家而言，“模特总是超出了它的形象”。

## 西方艺术的原始主义

艺术品是一种与模仿再现截然相悖的符号系统，这种观念不仅是原始文化的典型特征，而且是在西方艺术中间歇性出现的“原始主义”形式的典型特征。在公元前 5 世纪之前流行的早期古希腊雕塑的风格是一种能指的艺术，但是它之后却被一种更加“自然主义”的风格（譬如说再现风格）所代替，古希腊雕塑大师**米隆**（出生于公元前 450 年）的著名作品《掷铁饼者》乃是其中的代表。

这种情况也发生在意大利绘画中，原始主义的风格一直持续到 15 世纪，也就是说，一直持续到锡耶纳画派为止。

《圣母加冕》（*Coronation of the Virgin*）（细部）
杜乔（1260—1319）

《恺撒的凯旋：手持战利品的士兵》（*The Triumph of Caesar: Soldiers Carrying Trophies*）（细部）
曼特尼亚（1431—1506）

自文艺复兴开始，西方艺术强调具象的至高价值，列维－斯特劳斯认为这其实是一种试图通过事物的肖像来*占有*事物（尤其是优美的事物）的欲望。

## 现代主义艺术

自立体主义以来的现代主义艺术，在很大程度上是列维－斯特劳斯所说的“原始主义”艺术的一种形式。它是能指的艺术，是概念艺术而非感官艺术。

然而，出乎很多人意料的是，列维－斯特劳斯批评立体主义是一次失败的美学革命，而从立体主义中产生出的抽象主义运动更是毫无希望。他解释了自己对立体主义的态度：

立体主义渴望成为一种新的美学**语言**，然而，根据其定义，所有的语言是在群体中并通过群体而得以存在的。

而超出艺术家控制的社会经济原因是西方社会中艺术品的生产与消费过程已经远离了作为整体的群体（“个体化”）。因此，尽管立体主义力图达成一种新的美学语言，但是它仅仅是一种“个人习语”，一种仅仅由单个个体所使用的语言。

对于列维－斯特劳斯而言，“能指的艺术”必须从群体的遗产（它的文化）中自然而然地产生，它是不能由故意模仿这种风格的外部个体所强加的。

艺术品可以**类比**为语言，这一点是列维－斯特劳斯美学思想的核心。

亨德里克·尼古拉斯·沃克曼（1882—1945）

这并不是说艺术**是**语言，而是说艺术**像**语言。

列维－斯特劳斯小心翼翼，避免将艺术品与语言混为一谈，或者仅仅将艺术品简化为一种交流系统，因为那将抹杀艺术品的独特美学价值。

## 艺术与语言的关系

艺术品与语言的相同之处在于它们均为符号系统，然而它们的不同之处在于：在艺术品中，能指与所指的关系不是**任意的**。

任意性是人类语言所谓的“设计特点”之一。语言学家所说的语言的“任意性”是指任何一个语言符号（譬如“树”这个字）与它所指的对象（它的指示物）的关系纯粹是一件约定俗成的事件。我们为什么应该用这个符号而非其他的符号，这里面并没有什么内在的原因。

说英语的人用如下的音位来指示“树”：/T//R//E//E/……
说法语的人用如下的音位来指示“树”：/A//R//B//R//E/。

艺术品被认为是一种符号系统，其特别之处在于能指结构与所指结构之间的深层**同源性**。艺术品并不是任意符号的系统，在艺术品中，符号与它所指示的对象之间，存在着一种**可以被感知到的**联系，并因此，二者的共同结构将会被揭露出来。

## 面具的艺术

1941 年的一天，当时流亡在纽约的列维 – 斯特劳斯去了一趟美国自然历史博物馆。在那里，他从北美洲西北海岸的印第安人的艺术中，第一次发现了一种美学的意蕴。（列维 – 斯特劳斯在其 1975 年出版的《面具之道》的开篇，对这一经历进行了精彩的描述。）

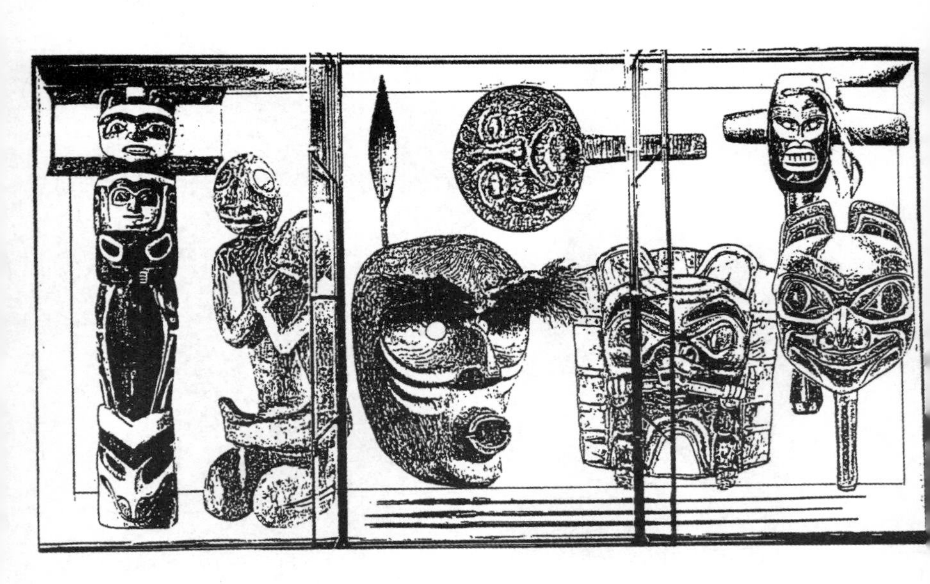

这些印第安人生活在北美洲太平洋沿岸，北至美国的阿拉斯加，南及加拿大的英属哥伦比亚省。他们发明了千姿百态的艺术形式。其中，奇尔卡特族的绣花披肩华美至极，染有黄、黑、蓝三色。特林吉特族所制作的雕像极其精美。然而，列维 – 斯特劳斯发现，他们的面具才是最震撼人心、最具吸引力的。

《面具之道》试图理解面具的一些晦涩难解的形式特征的起源。列维 – 斯特劳斯尤其关注**赫维赫维**、**斯瓦赫维**和**德佐诺克瓦**这三种面具风格，这些面具来自一些彼此相邻的小部落。

列维 – 斯特劳斯了解到这些面具并不是由任何一个部落独立完成的，而是构成了一个包罗万象的转换系统的一部分。

从形式上来说，每一种面具（除了它可能拥有的其他意义以外）都是对系统中的其他面具的转换。

## 关联的系统

每一种类型的面具都是由一套独有的特征（色彩、形状、象征性联想）所定义的，这些特征构成了面具自己的特殊风格，而且与其他面具的特征既相互联系又相互对立。

通过一系列的转换，所有面具都相互关联。

譬如说，德佐诺克瓦面具是对斯瓦赫维面具的逻辑转换，或者说是颠倒了斯瓦赫维面具。

在斯瓦赫维面具涂着白色的地方，德佐诺克瓦面具涂成黑色。德佐诺克瓦面具用表示胡须的兽类毛发和（深色的）兽皮遮盖物，取代了斯瓦赫维面具所使用的羽冠及其与鸟类的象征联想。

德佐诺克瓦面具的眼睛是半闭着的，并且向内深陷，相反，斯瓦赫维面具的眼睛呈圆柱形，向外凸起。最后，斯瓦赫维面具的下颌低垂，舌头从张开的口中伸出，而德佐诺克瓦面具的嘴巴浑圆，借此确保舌头不可能从口中露出来。

通过这些形式上的转换，列维－斯特劳斯展现了斯瓦赫维面具与德佐诺克瓦面具之间的隐秘联系。

面具最主要的不是它再现了什么，而是它转换了什么，也就是说，它选择不再现什么。

那么，上面的这些内容究竟告诉了我们哪些有关面具意义的情况呢？

面具并不只有一个单独的意义。相反，面具就像浓缩的梦境图像，乃是多重语义联想的产物，与它们特殊的文化语境相关。

它们是由各式各样的联想所组成的，这些联想既被认为源自与面具相关的神话，又被认为源于这些面具所具有的宗教意义、社会意义和经济意义。

这些意义是由拥有这些面具的社会群体赋予的，并且会被转换的关系所影响，即一种形式的转换作用于另一种形式的转换，并使之变得更加复杂。这种影响方式与面具形式特征的影响方式一模一样。

斯瓦赫维面具是属于萨利希族的，德佐诺克瓦面具是属于夸夸嘉夸族的，他们是萨利希族的邻居。德佐诺克瓦面具再现了一个充满传奇色彩的女性食人魔，她生活在森林的深处。

食人魔偶尔现身，
诱拐夸夸嘉夸族的
儿童，并吃掉他们。

因此，德佐诺克瓦面具再现了一个制造破坏、远离社会的生物，她会诱拐儿童，从而威胁社群的生物连续性。

与之相反，斯瓦赫维面具被认为是再现了萨利希族的始祖，也就是一个能够确保群体繁衍不息、保障社会有序发展的人。同时，德佐诺克瓦面具来自森林（有时候来自山区），而萨利希族的神话强调斯瓦赫维面具最早来自天上或者水里。

有时候斯瓦赫维面具被认为最初是从一个湖中被钓到的。所以，面具的舌头有时候被联想成鱼的尾巴。

## 面具的意义

早在远古时代，面具就已经出现，并且被用于狂欢盛宴、仪式、舞会等很多方面。当然，古希腊人也在悲剧表演中使用面具。

社会可以被划分为两种类型：使用面具的社会和不使用面具的社会。

为什么我们会戴上面具呢？它们对我们而言有什么意义呢？显而易见，对于这些问题，并没有一个唯一的答案。然而，列维－斯特劳斯的人类学研究为我们提供了一些线索，我们接下来就对此进行讨论。

## 面具与化妆

列维－斯特劳斯将面具与化妆品联系在一起。它们的潜在意义与一个古老的问题紧密联系，那就是：为什么世界各地的人“涂绘”他们的脸（这种行为在今日留存在化妆中）呢？卡杜卫欧人过去通常在他们的全身涂上或者文上复杂的旋涡纹饰、藤蔓纹饰和几何形纹饰。现在只有女性仍然保持这样的习俗。

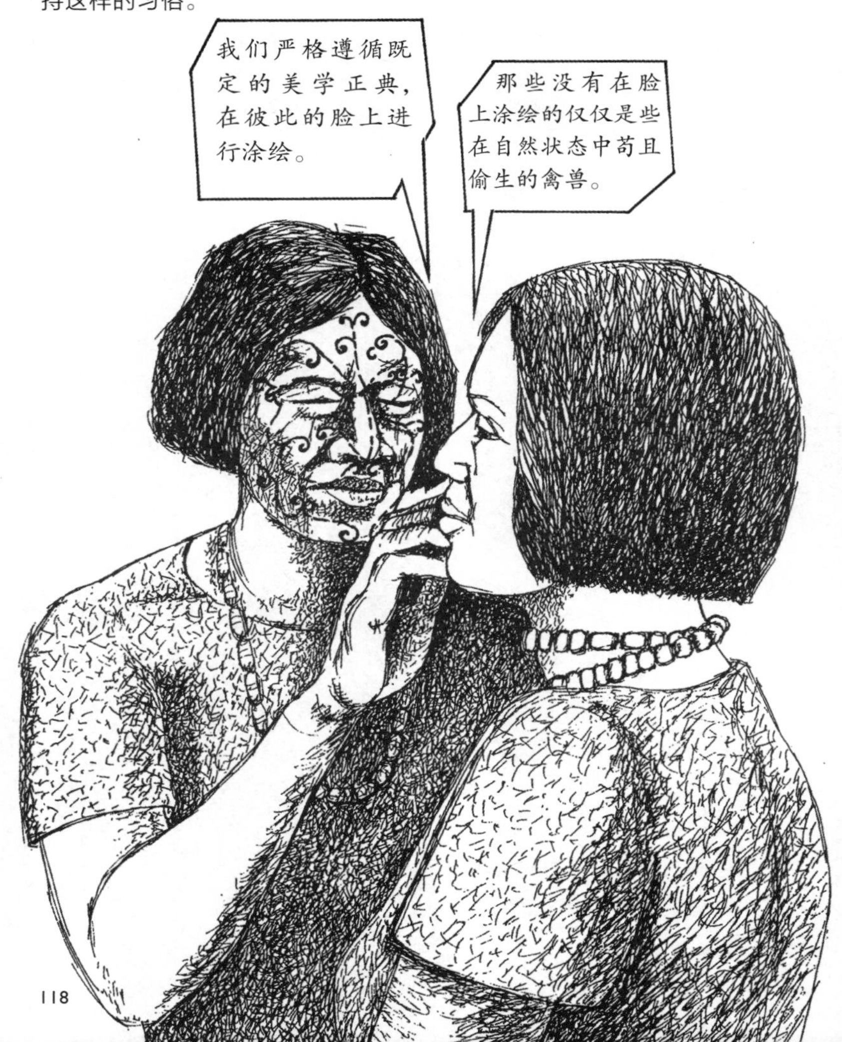
我们严格遵循既定的美学正典，在彼此的脸上进行涂绘。
那些没有在脸上涂绘的仅仅是些在自然状态中苟且偷生的禽兽。

涂绘的行为本身首先是在肯定他们的**人性**，肯定他们是**有文化的**生物。这也是面具的意义。

卡杜卫欧人的设计不是简简单单地画在脸上。由于设计所依据的新原则是要改造面部的自然和谐状态，因此，设计的目的就是分割面部，并对其进行重新创造。

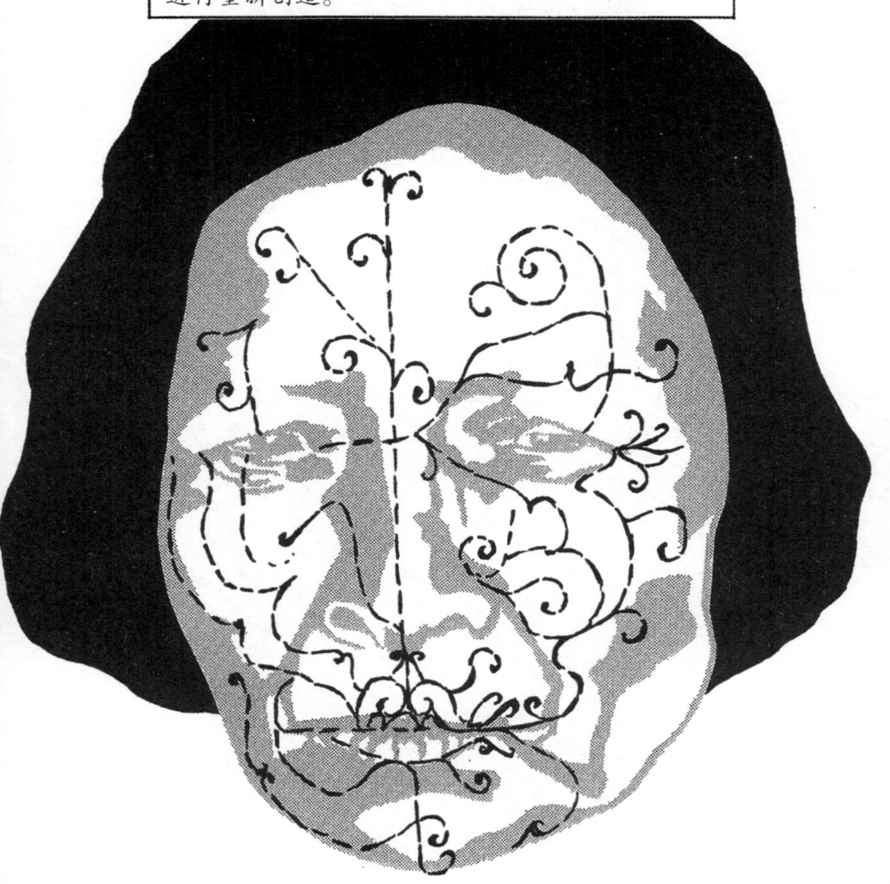

这些设计使用一种人类创造的秩序去取代自然秩序。

## 面具的功能

无论面具拥有怎样的美学功能，我们都必须从人类学的角度去理解面具。社会群体的每一位成员都是降生于一个特定的氏族或者家庭中，被赋予一个名字并继承一个社会地位。这就是个体的**社会外衣**。

面具象征和标志了等级、社会功能和角色，面具所指示的就是这种“外衣”。

面具是一个微缩的宇宙，一个小宇宙，反映了个体在社会秩序与自然秩序中的地位。

与此同时，面具还具有另一个功能：它们是人类得以与超自然世界进行接触的途径。列维－斯特劳斯从用头发遮住面部这一细微的举动中，发现了面具的一个起源。人类的面部是交流的处所。为了实现交流，我们需要眼神的接触，需要言说，需要被听见。

无论用什么方法，只要遮住了我们的面部，人类正常的社会交流就会被打断。

原本可以被辨识出来的个体现在就变成了匿名者。他隐藏了他的社会外衣，并因此“能够自由地接触其他的力量，接触其他世界，接触爱的世界和死亡的世界”。面具将交流带离其原有的社会功能，转向神圣者和超越者。

## 象征和微缩模型

列维－斯特劳斯用下述方式，总结了面具的诸多意义。

“面具一旦被戴上，它就获得了生命。面具将诸神带入尘世，揭示诸神的存在，将诸神引入人类社会；与之相反，人类通过佩戴面具，肯定了自己的身份是一种社会生物，并用象征的方法来表达和编码这种身份。面具既是人性的，又是非人性的：面具的本质乃是社会、自然与超自然之间的中介。”［列维－斯特劳斯］

列维－斯特劳斯并非仅仅讨论了原始艺术。《野性的思维》的第一章结尾曾离题讨论了16世纪法国画家**弗朗索瓦·克鲁埃**（1520—1572）的肖像画《来自奥地利的法国王后伊丽莎白》。

我尤其感兴趣的是这幅绘画中令人着迷的细节之美：描绘细腻的花边领。

列维－斯特劳斯紧接着的思考令他发展出自己的微缩模型理论。他认为，所有的艺术作品都拥有微缩物或者微缩模型（例如日本花园、模型汽车和瓶中轮船）的本质。

让我们一起看看他所说的微缩模型究竟是什么意思。

## 被缩减为艺术

艺术品（列维－斯特劳斯在此特指的是再现艺术）必须总是放弃其模型的某个维度。这就是“缩减”所指的意思。譬如说，绘画必须放弃它的体积，绘画和雕塑都必须放弃时间。

艺术品成为一种缩减物，是指艺术品在一个微观宇宙中蕴含着一个宏观宇宙。

譬如说，尽管米开朗琪罗的西斯廷教堂天顶画《创世记》尺幅无比巨大，然而相较于它的主题（上帝创世）所指涉的整个宇宙而言，这幅画仍然只是一个“微缩物”。

相较于被艺术品所反映的现实，艺术品总是这种现实的“简化”物、缩减物或者“微缩模型”。艺术品也正是从中获得了自身的价值。

事实上，放弃事物某些**感性的**维度（譬如说绘画放弃了可被感知的体积），其优点是在观看者的心中，这种损失可由获得**知性的**维度而得到补偿。

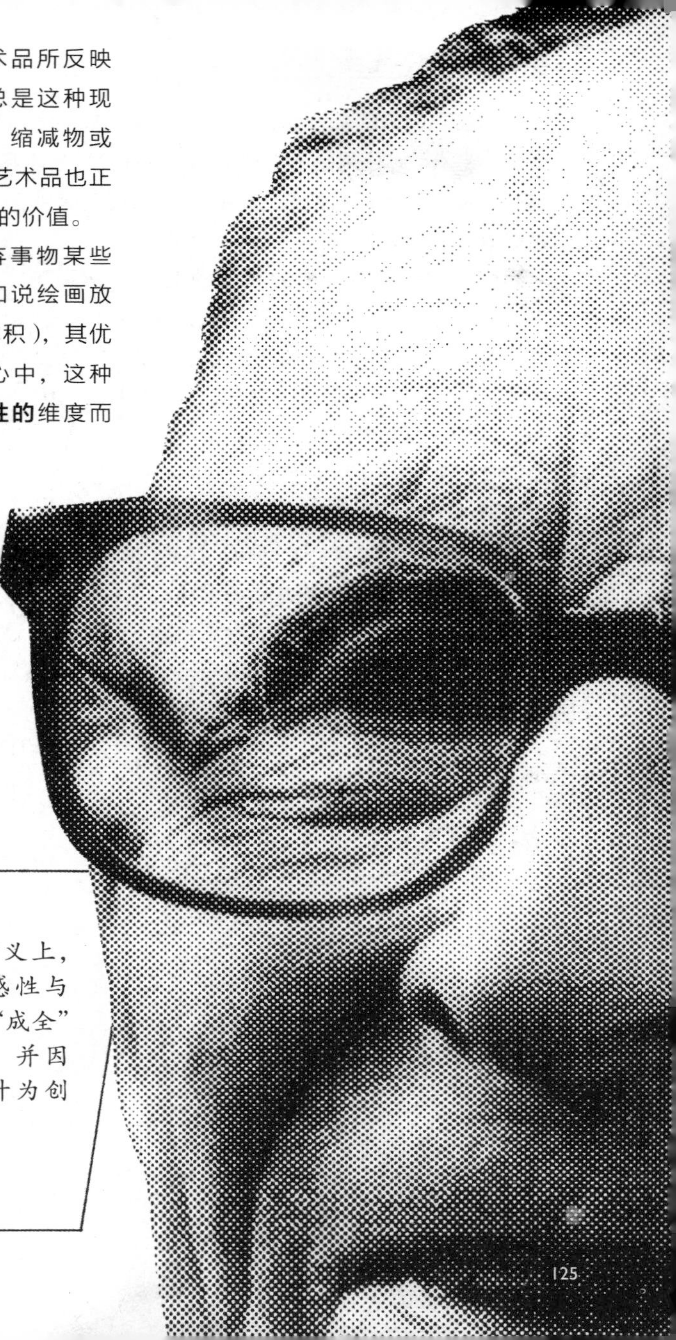

在这个意义上，观看者通过感性与知性的联合，“成全”了审美对象，并因此将自己提升为创造者。

## 看见整体先于看见部分

进而言之，当我们欣赏艺术品的时候，我们意识到我们所面对的不仅是一件艺术品，而且是一份包含能够完成这件艺术品的其他可能方式的“表格”。每一种新的可能性（转换）都为我们提供了一种看待作品的新视角。

列维－斯特劳斯在他的微缩模型理论中，引入了另一个核心概念。在我们理解艺术品的时候，会出现一种列维－斯特劳斯所描述的“感知顺序颠倒”的现象。列维－斯特劳斯的意思是：当我们“认识”（辨识出）的对象是一件艺术品或者由一件艺术品所再现出来的对象时，认知的心理程序将会被颠倒。在通常情况下，我们从部分出发去重建整体。然而，面对艺术品，就像面对微缩模型那样，我们是**先**感知到整体，之后才感知到部分。

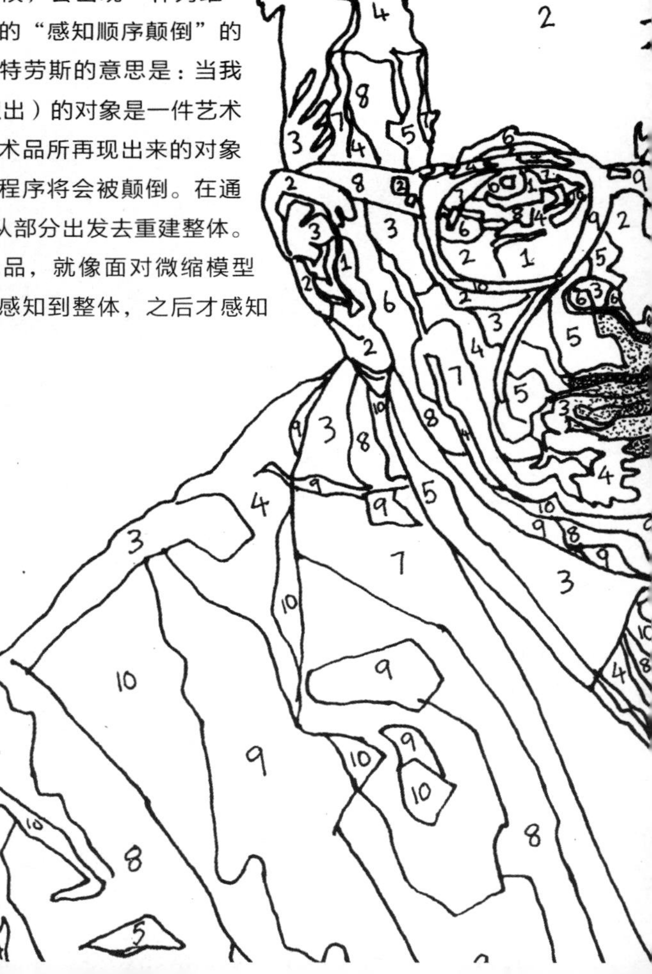

## 类比之物

列维－斯特劳斯承认这或许仅仅是艺术品所创造出的一种幻觉。然而，他认为这种幻觉满足了人们的理解与感性，并且是审美感受的根源。

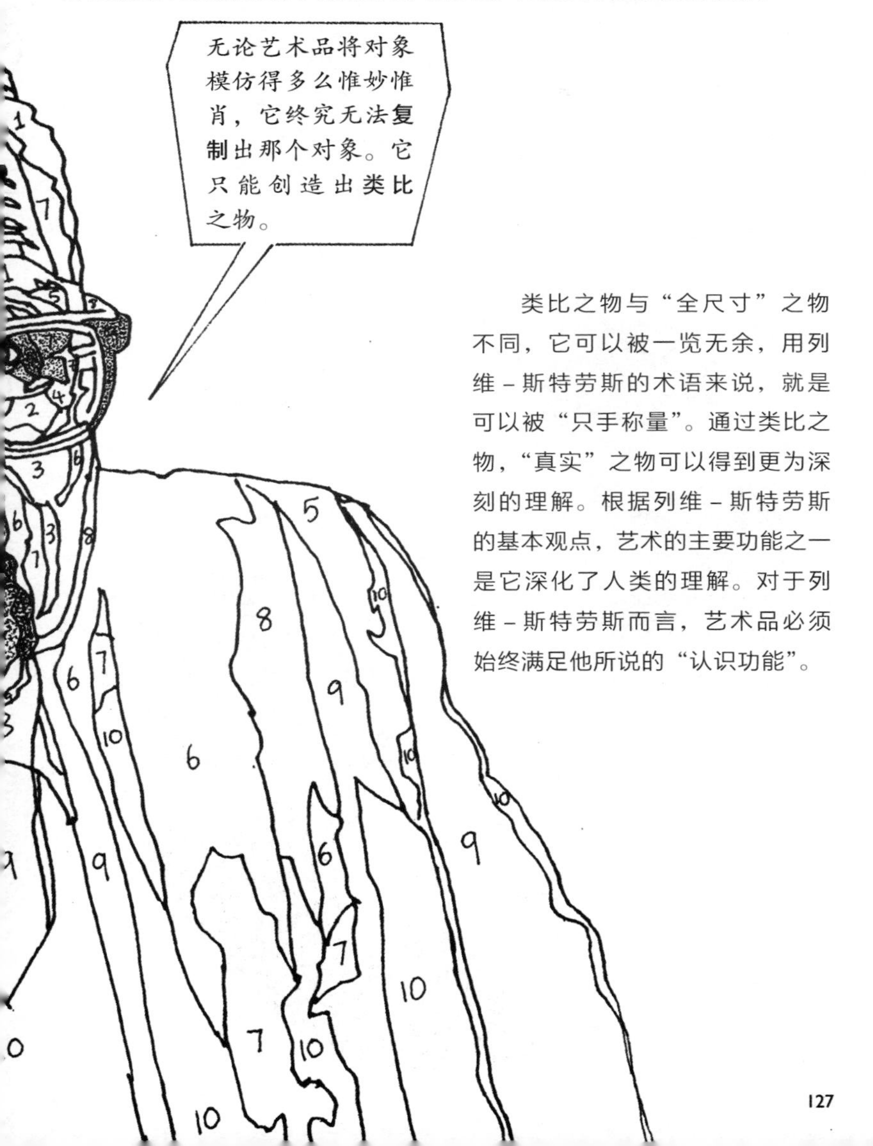
无论艺术品将对象模仿得多么惟妙惟肖，它终究无法复制出那个对象。它只能创造出类比之物。

类比之物与“全尺寸”之物不同，它可以被一览无余，用列维－斯特劳斯的术语来说，就是可以被“只手称量”。通过类比之物，“真实”之物可以得到更为深刻的理解。根据列维－斯特劳斯的基本观点，艺术的主要功能之一是它深化了人类的理解。对于列维－斯特劳斯而言，艺术品必须始终满足他所说的“认识功能”。

## 事物的隐性结构

在列维－斯特劳斯看来，法国画家**让－奥古斯特·多米尼克·安格尔**（1780—1867）的才华表现在他能够创造出他所再现之物（诸如他著名的羊绒披肩）的幻象，并超越感觉层面，直抵对感觉对象结构的理解。

通过艺术品，艺术品以及艺术品所再现之物的某些根本特征（结构）得以被发现。

艺术品因此提供了一条理解事物之隐性结构的途径。

列维－斯特劳斯声称，这些结构正是艺术品与心灵所共有的结构和运作机制。

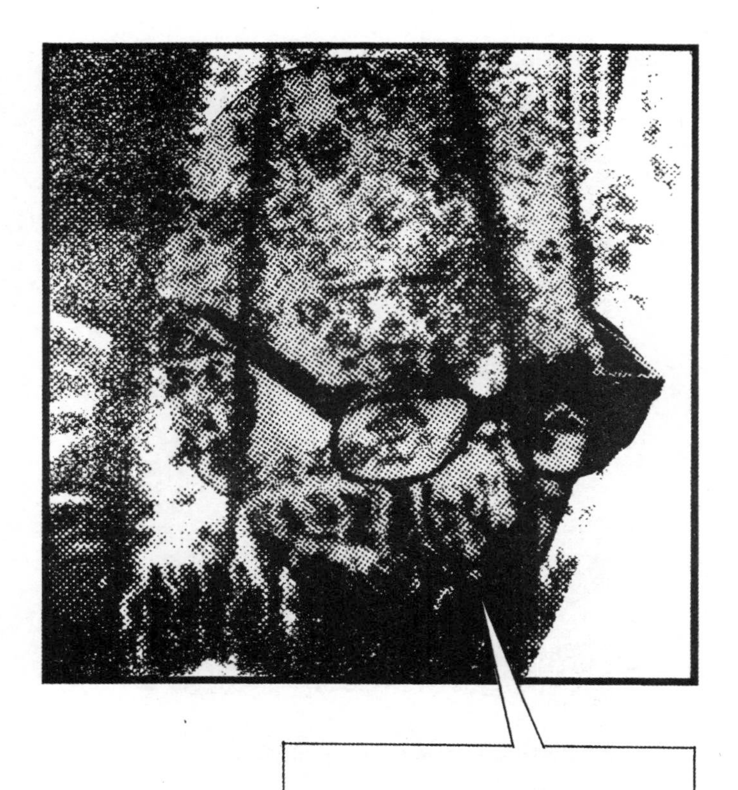
通过艺术品，观看者意识到心灵是如何运作的。

列维 – 斯特劳斯对原始神话的看法早在 20 世纪 50 年代就初步成形了，那时他还仍然任教于法国高等研究实践学院的比较宗教学系。但是直到 1964 年他才出版了其研究美洲印第安人神话的四部曲的第一卷《生食和熟食》，之后陆续出版了剩余的三卷：1967 年出版了《从蜂蜜到烟灰》、1968 年出版了《餐桌礼仪的起源》、1971 年出版了《裸人》。

最后仅存的一个风铃，由玻璃罩保护着

列维 – 斯特劳斯全副身心地投入到对美洲印第安人神话的研究中。他曾经这样描述他生命中的那段时光：“二十年间，我在黎明的时候便醒来，将自己完全沉浸在神话之中……我和这些人以及他们的神话生活在一起，就如同生活在童话之中。”在法兰西公学院的社会人类学实验室中，列维 – 斯特劳斯为他所研究的一些神话制作了 3D 纸质模型，并将它们悬挂在天花板上，如同风铃一般。

列维 – 斯特劳斯的神话研究四部曲作为一个整体，被命名为《神话学》（*Mythologiques*）。《神话学》之所以令世人瞩目，首先是因为它的鸿篇巨制。列维 – 斯特劳斯研究了总计 813 则的完整神话以及为数众多的神话变体，著作的篇幅超过了 2000 页。《神话学》不仅是一部神话故事集（列维 – 斯特劳斯将其比作马克斯·恩斯特［Max Ernst］的拼贴作品），还是一座人类学的宝藏，一项对人类思维运作机制的研究，一次诗学创作（列维 – 斯特劳斯称之为“美洲印第安人神话学的神话”），一次对神话与音乐间关系之本质的冥思。

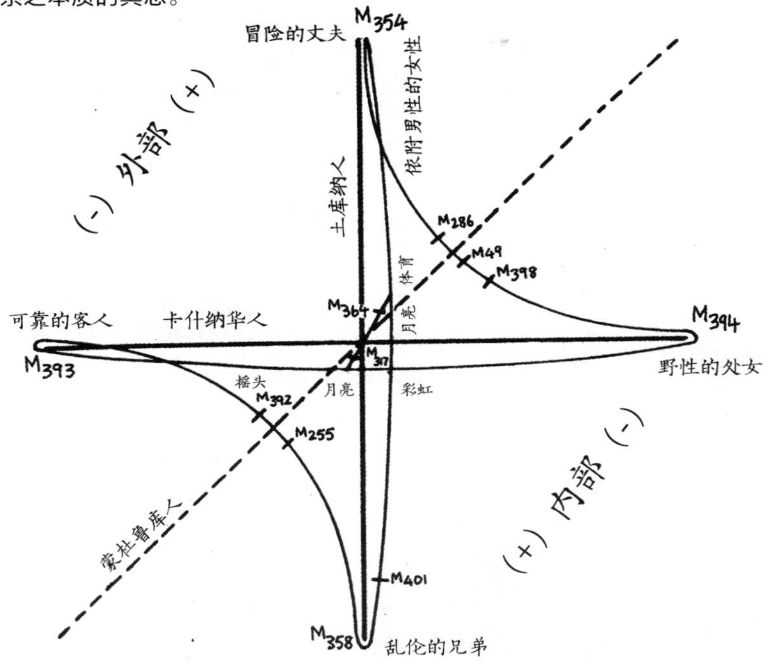

M354
冒险的丈夫
依附男性的女性
(－) 外部 (＋)
土库纳人
M286
M49
M398
体育
M364
月亮
可靠的客人
卡什纳华人
M394
M393
M317
野性的处女
摇头
月亮
彩虹
M392
M255
内部 (－)
蒙杜鲁库人
(＋)
M401
M358
乱伦的兄弟


土库纳人、卡什纳华人和蒙杜鲁库人神话的组织结构

《神话学》是如何与列维 – 斯特劳斯的其他著作融为一体的呢？《神话学》在本质上延续了自《亲属关系的基本结构》开始的研究项目。列维 – 斯特劳斯试图通过神话，更好地理解人类逻辑思维能力的基本运作模式。列维 – 斯特劳斯对于智性非常感兴趣。

## 什么是神话？

神话是一块“人类思维模式的放大镜”。

神话研究之于列维－斯特劳斯，就如同梦之研究于弗洛伊德一般，是通往无意识的“终南捷径”。然而，列维－斯特劳斯所说的无意识是没有任何内容的；在无意识里，结构模式的法则被应用在总是来自其他地方的构成要素（图像、记忆、情绪、驱力）上面。

在我对普遍范式的求索中，
神话是被优先研究的领域。

在列维－斯特劳斯的早期著作中，他从浩如烟海的亲属关系系统中提炼出基本结构，试图用它们来反映产生这些基本结构的思维运作机制。然而，始终存在着另外一种可能性，即这些基本结构其实是由其他的因素所决定的。譬如说，社会生活的某些物质条件限制客观地存在于亲属关系交换的制度中，而亲属关系基本结构所反映的就是这种限制。

不过，列维－斯特劳斯表示，上述这种情况并不适用于神话。

神话思维不具有任何直接的实践功能。它不会与任何不同于自身的现实发生关系。

在神话中，思维将自己作为对象来模仿，因此，思维像人们所能够希望找到的明镜一样，反映出思维自身的运作机制。列维－斯特劳斯认为，原始神话显示出思维的自由运作机制，不受其他外部因素的干扰。它们呈现了一幅自然状态中的思维的图景。

对于任何从未接触过原始神话的人而言，《神话学》乍看上去，像是一种独特的文学创作形式。神话都是口头传播的故事，它们的作者没有办法得到确认，它们的起源也湮灭在时间的长河中，尽管它们表面上缺乏连贯性，然而它们无与伦比的创造力与汪洋恣肆的想象力首先令人感到震撼。

## 一个典型的神话

巴西的施派尔族印第安人有一个神话（《生食和熟食》中的第 178 号神话），是关于鸟儿颜色的起源。它的大意如下：

很久以前，两个哥哥和一个妹妹共同生活在荒废的小屋中。其中的一个哥哥爱上了他的妹妹。一个晚上，他去见了这个妹妹，但没有告诉这个妹妹他是谁。另一个哥哥发现他的妹妹怀孕了，于是让她用格尼帕树的染料，去标记她的秘密访客。

罪犯被揭露出来了，于是他就带着这个妹妹，逃到了天上。

然而，到了那儿，他们两人发生了争吵，那个乱伦的哥哥推倒了他的妹妹，妹妹像一颗流星一样，从天上掉下，坠落到地上。

在那里，她变成了貘，而她在天上的哥哥变成了月亮。

月亮的那位人类兄弟命令部落勇士紧急集合，向月亮张弓射箭，试图杀死月亮。但是只有穿山甲射中了月亮。

月亮的鲜血有着各种颜色，它们从天上流下来，洒在男人与女人的身上。

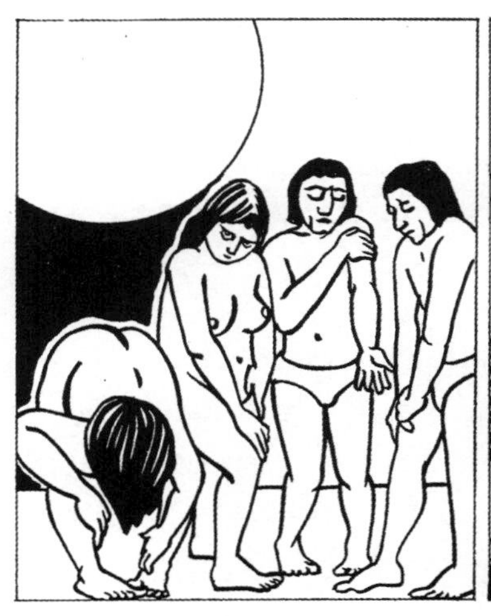

女人自下而上地擦拭着她们的身子，也就从那天起，她们就开始受到了月亮的影响。男人则自上而下地擦拭着他们的身子。

鸟儿在不同颜色的鲜血所形成的池子里洗澡，这便是每种鸟儿有着不同颜色的羽毛的由来。

与神学研究的传统进路（心理学或者象征主义）截然相反，列维-斯特劳斯不相信神话有一个必须要分析者去揭开的确定内容。神话绝非那些被编码的意义的“蓄水池”。

神话是一种**结构**，它们存在于倾听者之中并且通过倾听者而得以实现。（就此而言，神话的意义总是本土的。）“一则神话就像一曲音乐，它是一部乐谱，它的沉默演奏者是它的观众。”

列维-斯特劳斯在理解神话时所采取的进路，本质上就同艺术家的进路一样，关心神话故事的创造过程以及它们的内在组织结构。其中，他最为关心的是“神话如何形成”的问题。神话究竟是如何产生的呢?

要理解神话，就一定需要理解*转换*的过程。列维-斯特劳斯的基本假设是：正是经过从一个神话转换为另一个神话的过程，神话才得以产生。

神话自身没有任何的意义，神话只有在与其他神话的关系中，才有了意义。就此而言，神话形成了一个系统——这个系统类似于那种构成语言基础的音位学系统。

与过去的神话收集者截然相反，列维-斯特劳斯并不打算确定一个既定神话（譬如俄狄浦斯神话）的“原初”版本或“准确”版本。相反，列维-斯特劳斯将神话定义为“所有神话变体的总和”。以俄狄浦斯神话为例，它也将包含弗洛伊德对俄狄浦斯神话的阐释，这种阐释是这个神话最近一次的转换（在这里，这个神话转换为一种心理—性欲的符码）。

要解释清楚列维－斯特劳斯在《神话学》中所应用的方法，那将是非常困难的，因为无论从哪里开始解释，都将闯入一个（甚至多个）转换链中。同样地，无论在哪里结束阐释，都始终无法抵达某个地方，因为神话的本质就在于它始终处于变成其他神话的过程中，没有任何的神话包含终极的意义。

列维－斯特劳斯所遵循的转换进路是十分复杂的。它不仅仅是一个沿着线性发展的神话转换问题。神话由不同的次级组别构成，这些组别都形成了不同的转换*系列*。但是来自某个系列的神话所包含的主题，会转换为来自其他组别或者系列的神话所包含的主题。整幅图景将呈现为对角线平分转换系统坐标轴的多维网络，神话故事于此无限纵横交错。

当人们遵循列维－斯特劳斯在《神话学》中所绘制的转换时，他也会发现自己实际上是从自己开始的地方出发来进行研究的。一个生活在巴西中部的印第安人部落向列维－斯特劳斯讲述了一系列的神话，列维－斯特劳斯将它们一直追溯到北美洲的西海岸地区，这条神话的转换链在中间没有发生任何的断裂，也因此，他得以将北美洲与南美洲的两种广泛的神话系统联系在一起。

让我们在此举出一个转换的例子。列维－斯特劳斯参考了第 1 号神话（M1），它成了列维－斯特劳斯神话研究的起点。我们现在就来讨论这个神话。它是波洛洛人讲述的关于风和雨水的起源的神话。

## 波洛洛人的神话（M1）

一个儿子犯了与自己母亲乱伦的罪行，他被自己的父亲送去对抗死者的灵魂。虽然儿子逃走了，但是他的父亲仍然渴望报复儿子，便邀请儿子一起偷鸟蛋。

父亲诱骗自己的儿子爬上陡峭的悬崖，然后抛下儿子，让他等死。儿子死里逃生，这要归功于秃鹫的帮助，因为秃鹫虽然一开始对前来偷蛋的儿子怀有敌意，但是最终仍然帮助儿子回到地面。

儿子返回到自己的村庄，在那里，他首先被他的祖母认出来，并受到了祖母的保护。在儿子到达村庄的那天夜里，狂风大作。

除了祖母的营火以外，村庄里的其他营火都被狂风吹灭，而儿子就住在祖母的小屋里。第二天早上，村庄的所有成员都来拜访儿子和他的祖母，向他们恳求火种。

儿子发现了父亲出现在村庄里，于是决定用父亲背叛自己的方式来报复父亲。他用一根形似鹿角的树枝，控诉父亲的罪状，并刺向了父亲，随后将父亲沉入湖中，在湖里，食肉鱼的灵魂把父亲吞噬得一干二净。

最终，儿子决定离开他的村庄，声明自己再也不会和那些恶意背叛自己的人生活在一起。并且他派遣了风和雨去惩罚他们。

列维－斯特劳斯在《生食和熟食》中指出，波洛洛人关于鸟巢的神话（M1）属于一组由邻近部落（隶属惹族语共同体）所讲述的神话（M7-M12）。波洛洛人的神话实际上是对惹族人神话（M7-M12）的转换（颠倒）。一个关于火之起源的神话，变成了一个关于水之起源的神话。

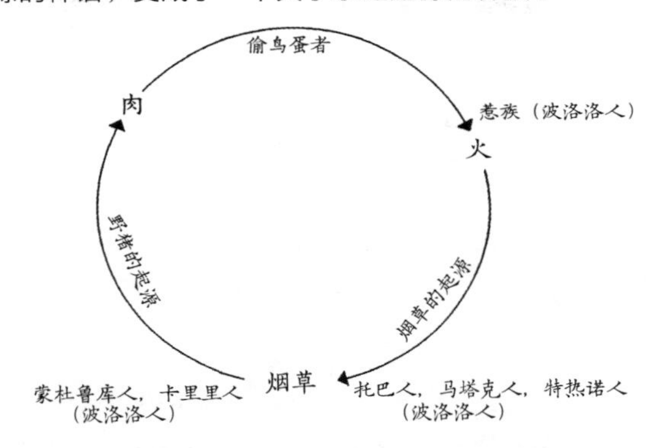

偷鸟蛋者
肉
惹族（波洛洛人）
火
野猪的起源
烟草的起源
烟草
蒙杜鲁库人，卡里里人
（波洛洛人）
托巴人，马塔克人，特热诺人
（波洛洛人）


关于肉、火和烟草之起源的神话（取自《生食和熟食》）

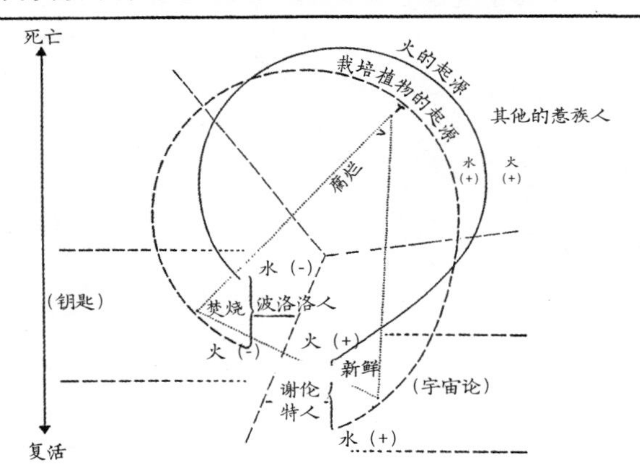

死亡
火的起源
栽培植物的起源
其他的惹族人
水 (+)
火 (+)
腐烂
水（-）
（钥匙）
焚烧
波洛洛人
火（+）
火（-）
新鲜
谢伦特人
（宇宙论）
水（+）
复活


惹族人与波洛洛人关于火和栽培植物之起源的神话的相互关系

（取自《生食和熟食》）

列维－斯特劳斯在《生食和熟食》中，花了非常大的篇幅去说明这种转换是如何发生的。这要求我们必须花费非同寻常的耐心，才能步步紧跟列维－斯特劳斯。一个细节将使我们走上正题。

## 美洲豹的地位

惹族人神话（尽管它看似与波洛洛人所讲述的故事毫无关系）的核心主题是人类与美洲豹的联盟，而这种联盟最终使得人类获得了将被用来煮食的火。在神话中，美洲豹是火的主人，它的眼睛可以在晚上发光，如同燃烧着的火种一般。

在波洛洛人的神话中，雨水被认为是火的死敌，因为它熄灭了村庄中的所有火种。列维－斯特劳斯将它称为一种“反－火”。

不过，更为重要的是，由于村庄中的所有火种都被风暴熄灭，只有英雄的祖母家的火种除外，因此，英雄成了火种的唯一拥有者。村庄中的其他成员必须在风暴之后拜见他，求得火种。

换而言之，他在波洛洛人神话中的地位，同美洲豹在葸族人神话中的地位一模一样：他是火的主人。

通过这个置换（一种颠倒的形式）的过程，偷鸟蛋英雄最终取代了美洲豹的地位。

## 隐性的调号

列维－斯特劳斯指出，通过转换的关系，所有的神话相互关联（就像上文所讨论的斯瓦赫维面具和德佐诺克瓦面具）。然而，这种情况不是发生在神话的显性内容层面上的。列维－斯特劳斯在神话中确认出一种更为深层的组织结构，这种深层的组织结构能够很好地支撑神话的叙事。正是在结构组织的层面上，神话可以被视为“神话之间的相互交流”。

列维－斯特劳斯贯穿于《神话学》中的方法是逐一拆解神话叙事，以便揭开它们的隐性*调号*（*armature*），并决定它们如何可能与那些潜在的其他神话相联系。列维－斯特劳斯所使用的法语 *armature* 来自音乐学。在英语中，armature 是指一种*音调标记*（*key signature*）。

2.Gr.
II.
Ich bin schö - ner!
III.
1.u 2. CHOR (zusam.)
Parsifal.
Vo.
CB. poco cresc.
poco f
poco f
这些是写在每个五线谱开头的记号，表示乐曲的音调或调域。调号提供了乐曲结构整体的基本原则。

列维－斯特劳斯打破了神话故事的“历时性”线性特征，揭示了神话故事是如何由可以被理解为“共时性”结构的关系系统所组成的。这让我们想起索绪尔所说的历时性概念（*parole* 或言语行为）和共时性概念（*langue* 或语言）。

## 二元对立

在《神话学》的第一卷中，列维 – 斯特劳斯揭示了在深层结构的层面上，感性性质（诸如生的和熟的、新鲜的和腐烂的、高的和低的）相互组合，构成了对逻辑命题进行编码的系统。

惹族人将火的起源追溯至神秘的美洲豹。南美洲的瓜拉尼 – 图皮族印第安人的神话则将火的起源追溯至秃鹫。两组神话都以动物所吃的食物类型来描绘动物的特征，这对于他们而言有着重要的意义。

美洲豹是食用**生**肉的食肉动物。
秃鹫是食用**腐**肉的食腐动物。

美洲豹和秃鹫是一个系统的名词。它们是“神话素”(神话的“音位”)，对生与熟、新鲜与腐烂这两组对立关系进行编码。

这些二元对立有什么样的意义呢?

## 从自然到文化

从自然走向文化是一切神话所共有的伟大主题。

神话是发生在人类和动物尚未分离的时代的故事。并且所有的神话最终要解释这一根本的分离最初是如何发生的。

在南美洲的神话资料库（这是《神话学》前两卷的主要关注对象）中，列维－斯特劳斯揭示了烹饪（从生食转换为熟食）象征了从自然到文化的过渡。这解释了那些与人类获得用来烹饪的火相关的故事的重要性。火在神话思想中占据着举足轻重的地位，它是自然与文化、地与天之间的中介。

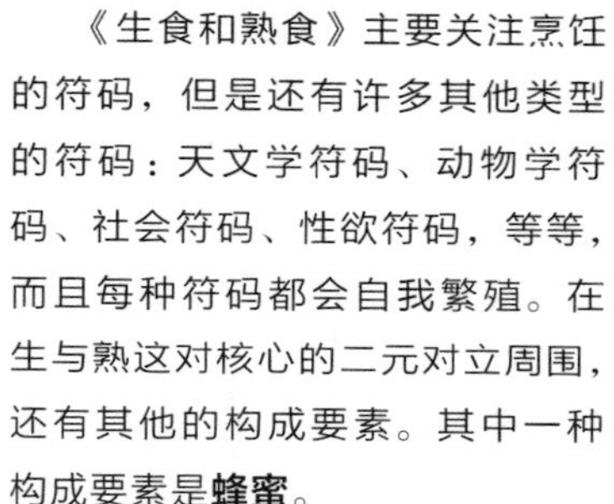

《生食和熟食》主要关注烹饪的符码，但是还有许多其他类型的符码：天文学符码、动物学符码、社会符码、性欲符码，等等，而且每种符码都会自我繁殖。在生与熟这对核心的二元对立周围，还有其他的构成要素。其中一种构成要素是**蜂蜜**。

蜂蜜是系统中一个本质上自相矛盾的构成要素。尽管蜂蜜可以被人们食用（在“生”的意义上），但是它的转换并非通过文化的方式，而是自然本身。

# 神话与悖论

在北美洲的神话资料库(《神话学》第三卷和第四卷所关注的对象)中，象征发生了改变。从自然走向文化的标志不再是烹饪，而是服饰、装饰和商业交换机制的发明。于是，南美洲神话将生食与熟食对立，而北美洲神话将赤裸与穿衣对立。

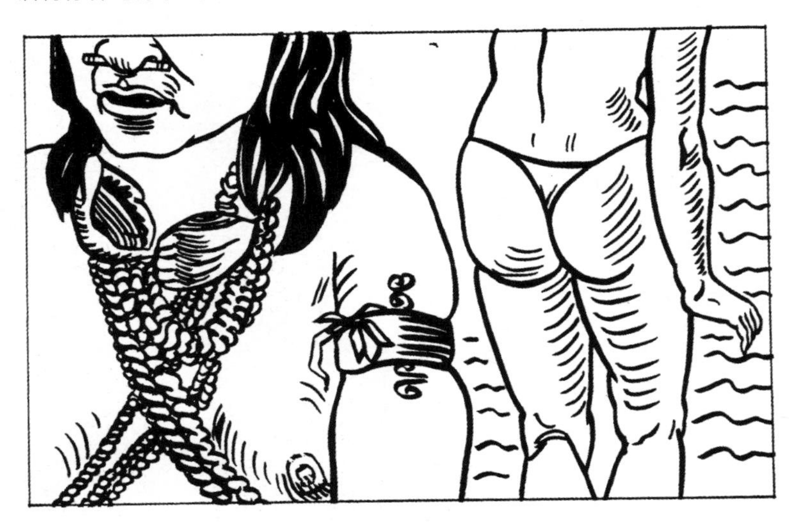

我从这些解释中发现了神话的关键作用。

简而言之，列维－斯特劳斯的观点是：神话是处理逻辑问题的工具。神话之所以被发明出来，是为了调和在文化中无法解决的根本性悖论或者矛盾。

这些悖论的种类各式各样：形而上学的悖论、道德的悖论、社会的悖论、法律的悖论、政治的悖论、宗教的悖论，等等。它们为神话思想的发展提供了动力。神话是围绕着悖论而发展起来的，它不打算像哲学那样去解决悖论。神话提供了别的“解决方案”。它们的原则是将这些悖论转换为其他类似的悖论。因此，神话是通过在形式上相似的问题之间建立一系列的类比，来实现螺旋形的发展。

实现幸福
追寻幸福
成功，浪漫
为了爱
关心与清醒
自然和美
为了爱和分享
一起交流和散步
对于“我应该和谁结婚”的问题，美洲印第安人神话给出的回答是……
这个人和我的关系应该像在黑夜与白昼的交替中的月亮与太阳的关系一样。

## 神话有意义吗？

对于列维 – 斯特劳斯而言，神话并不是原型或者普遍象征的储存器，这与瑞士精神分析学家**卡尔·荣格**（1875—1961）的观点恰好相反。神话中的意象首先是根据它们的“象征效力”、它们隐喻性地表达（编码）一组特殊问题的能力而被挑选出来的。阿根廷作家**豪尔赫·路易斯·博尔赫斯**（1899—1986）对“龙”（神话生物的祖先）所说的一席话，与列维 – 斯特劳斯的神话观十分契合。

*尽管我们对龙的意义茫然无知，就像我们对宇宙的意义茫然无知一样，然而，在龙的意象里面，存在着某种符合人类想象的东西，这能够解释龙的形象出现在不同时空中的原因。（《想象性生物之书》）*

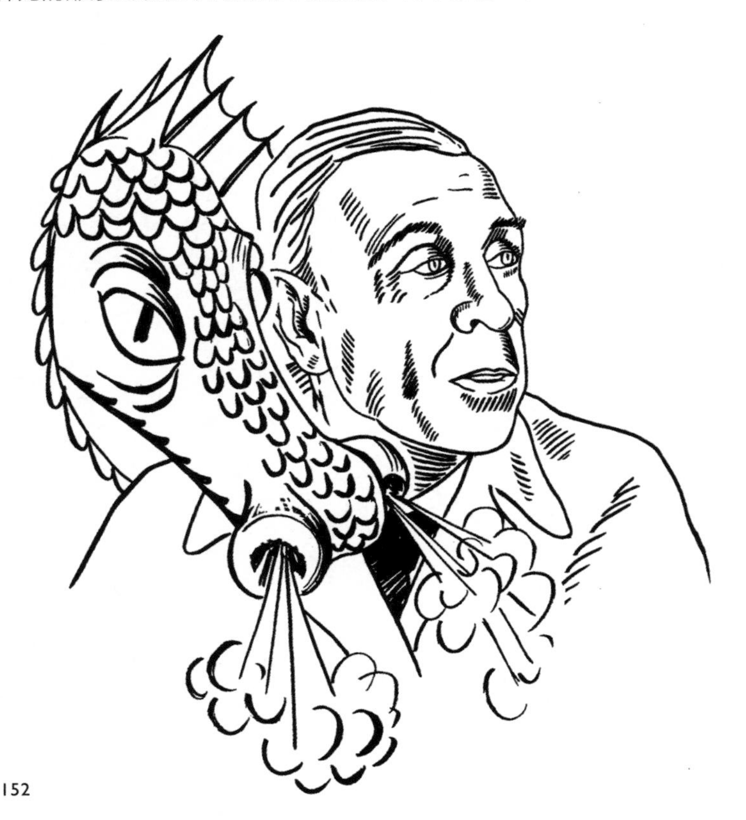

意义不*在*神话*中*，相反，神话以及神话所发明出来的意象乃是一种结构，*通过这种结构*，人们得以理解世界的意义。

“一则神话提供了一个坐标，它只能根据神话建构的规则来定位。这种坐标使得人们能够描述除了神话以外的所有其他事物的意义：处于意识边缘的世界、社会、历史等意象，还有我们关于它们的一切问题。”

神话是一个“可理解事物的母体”。

# 俄狄浦斯神话

列维－斯特劳斯也将他的注意力转向西方文化中的文学文本。一个例子是古希腊的俄狄浦斯神话。这个神话来自古老的当地传说和民间传说，其中最著名的戏剧性版本出自古希腊悲剧家**索福克勒斯**（公元前 496—前 406）的笔下。

俄狄浦斯最初是与一位地下的神或者蛇神有关。他的名字是指“肿脚”，可以被解释为龙尾的拟人化形象。列维－斯特劳斯将无法“直行”（俄狄浦斯＝肿脚）比作从大地上出生，一种古希腊神秘主义信仰。这则神话的核心是关于人类的起源。

这个故事一般是这样被讲述的。俄狄浦斯是由屠龙者卡德摩斯建立的忒拜城国王拉伊俄斯和王后伊俄卡斯忒的儿子。

拉伊俄斯从一个神谕中得知，他的儿子有朝一日会谋杀他，并会娶伊俄卡斯忒为妻。拉伊俄斯于是命令将婴儿遗弃在喀泰戎山等死，并且刺穿婴儿的脚（肿脚）。

然而，俄狄浦斯被一个牧羊人救了，他长大成人，但不知道自己的亲生父母是谁。

一天，俄狄浦斯在他的旅途中，来到了一个十字路口。他与一个傲慢的陌生人发生了争吵，一怒之下便杀了他。这个人不是别人，正是他自己的父亲拉伊俄斯。俄狄浦斯并不知道自己已经犯下了弑父的大罪。

他到达底比斯，那里正受到斯芬克斯这头食人女妖的压迫。俄狄浦斯解决了斯芬克斯之谜，并因此令斯芬克斯自杀。就像他的祖先卡德摩斯一样，俄狄浦斯也成了一位屠龙者。

作为回报，俄狄浦斯成了底比斯的国王，娶了拉伊俄斯的寡妇，亦即俄狄浦斯自己的母亲：伊俄卡斯忒。

也因此，底比斯遭受到一场可怕瘟疫的蹂躏。为了结束这场灾祸，德尔菲神谕命令必须找到杀害拉伊俄斯的凶手。

俄狄浦斯承担了这项任务，最终发现自己竟然就是他所要寻找的凶手。当他的身份被揭晓的时候，伊俄卡斯忒便悬梁自尽，俄狄浦斯则用伊俄卡斯忒的胸针，刺瞎了他自己的双眼。

## 解释

列维 – 斯特劳斯关注的是俄狄浦斯神话中心的那段涉及斯芬克斯的情节。俄狄浦斯解决了斯芬克斯之谜，反讽的是，作为回报，他成了底比斯的国王，娶了底比斯的王后，与自己的母亲乱伦。

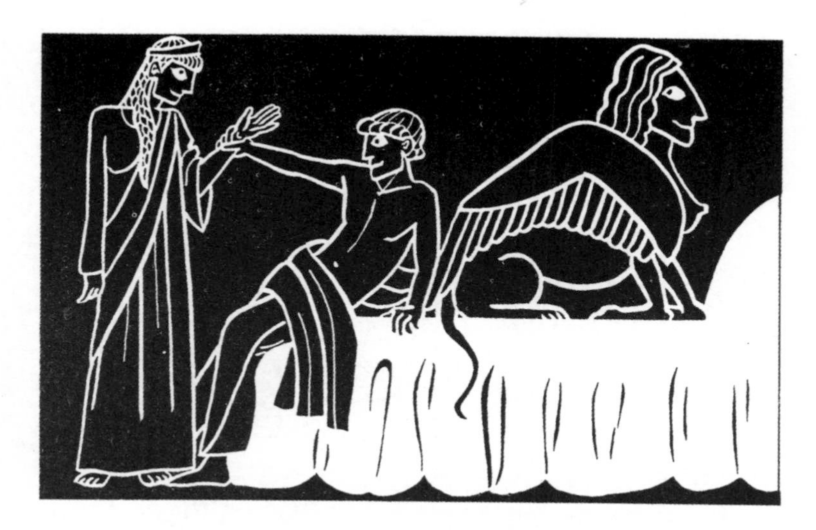

列维 – 斯特劳斯在解释这一神话 – 诗学逻辑的时候，将谜语（*énigme*）定义为一个没有答案的问题。因此，俄狄浦斯将本该相互分开的问题与回答合并。这也就成了所谓的“过度交流”的典型案例。乱伦婚姻是另外一种“过度交流”，它同样将最好相互分开的两种“事物”结合在一起。

## 珀西瓦尔传奇

珀西瓦尔的故事集中于寻找不可思议的圣杯。圣杯被认为是基督在最后的晚餐时饮用过的那个杯子。目前已知的圣杯传奇的最早文学版本是由法国人**克雷蒂安·德·特鲁瓦**（1160—1190）所创作的。他是一位诗人，活跃于香槟伯爵夫人玛丽和佛兰德伯爵腓力一世的宫廷中，创作过几篇亚瑟王传奇。他死前并未完成珀西瓦尔故事。**沃尔夫拉姆·冯·埃申巴赫**（约1195—1225）所创作的珀西瓦尔故事最为著名。**理查德·瓦格纳**（1813—1883）正是在此基础上，创作了歌剧《帕西法尔》。列维－斯特劳斯极为热爱瓦格纳。

珀西瓦尔常常被塑造为生活在森林中，纯洁无瑕，对宫廷生活懵懂无知。

珀西瓦尔在犯了许多令人哭笑不得的错误后，最终成了亚瑟王圆桌骑士的一员。

在这个故事的中心，珀西瓦尔被邀请到鱼王的圣杯城堡中，鱼王的腿非常诡异地受了伤，整个人动弹不得。珀西瓦尔享受了一餐异常丰盛的美馔。在他的面前，首先出现了一位年轻的男子，手持一把沾着血迹的长矛，之后又出现了两位年轻的姑娘，一位捧着镶满宝石的杯子（圣杯），另一位则捧着盛着食物的银盘。

尽管内心疑惑万分，珀西瓦尔却不敢询问有关长矛的情况，或者被长矛刺杀的人是谁。他决定保持沉默，然而这是一个严重的错误。倘若珀西瓦尔问了那些事实上期待他去问的问题，那么鱼王就会被治愈，而那个将圣杯之地变成不毛之地的魔咒也将被破解。

## 解释

列维－斯特劳斯将珀西瓦尔不敢开口询问的情节，与令俄狄浦斯陷入厄运的“过度交流”进行了比较。在珀西瓦尔的语言功能障碍中，我们发现了“没有问题的回答”，这与俄狄浦斯所面对的谜语（没有回答的问题）恰好截然相反。

俄狄浦斯是一位聪明的英雄，他的回答超越了“交流”的限度，走向了乱伦。而珀西瓦尔却是一位纯洁无瑕的英雄，他不懂得如何询问一个问题。

在语言学上，纯洁、童贞、懦弱等同于一个没有问题的回答；乱伦则等同于一个本该不要回答，却又过度回答的问题。

俄狄浦斯的世界是一种加速的交流。底比斯的瘟疫导致了自然循环的加速乃至激增，这恰恰象征了这种加速的交流。过度的交流和乱伦乃是与腐败、恶臭（瘟疫）联系在一起的。相反，在珀西瓦尔的世界中，交流被打断，自然循环被中止，这导致了土地贫瘠荒芜、冬天一直持续、世界变得冰冷僵滞。

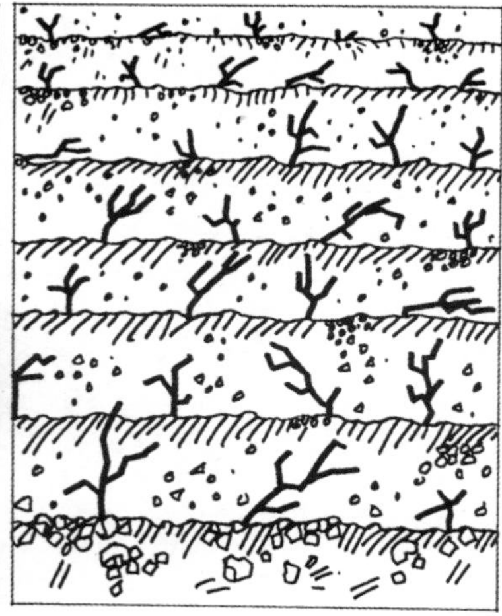

在这两则神话中，列维 – 斯特劳斯发现了转换在起作用。在他所谓的“普遍神话学”中，俄狄浦斯神话和珀西瓦尔神话构成了两种基本的叙事类型，两者的潜在*调号*截然相反。

## 神话与音乐

列维-斯特劳斯的神话理论提供了构成复杂且原始的叙事学理论或诗学的要素。这种诗学的一个特别之处存在于列维-斯特劳斯的思想中，也即神话与音乐之间存在着十分亲密的关系。

在《生食和熟食》的开头，列维-斯特劳斯宣称理查德·瓦格纳是结构主义神话分析的开创者。瓦格纳的音乐揭示了神话中的隐性结构。

C
più p
乐谱是一种对剧本的结构主义诠释。
marcato
f
p
ff
ff
Bass: D
E♮
pp
Ab
Eb

这便是神话与音乐之间关键的相似之处。乐谱被理解为既是某种沿着“水平面”、一个五线谱接着一个五线谱而线性展开的东西，又是一个（由听众在聆听时在心中所重构出来的）整体，它由其他的“垂直性”关系所构成。

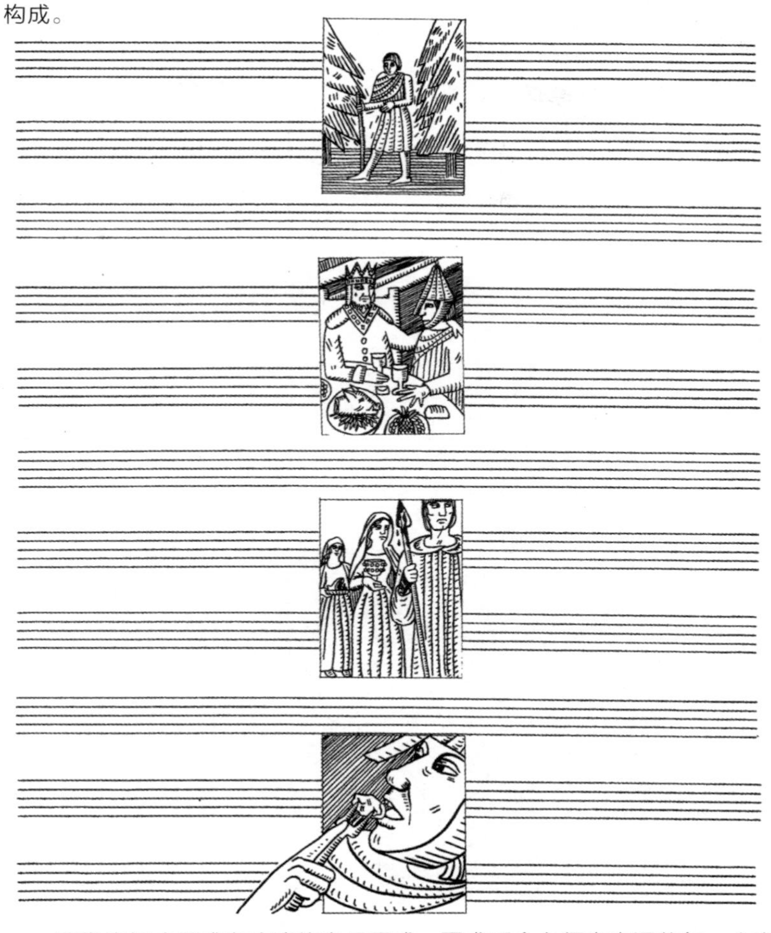

欣赏诸如*主题*或者*变奏*的音乐程式，要求听众必须牢牢记住每一个变奏最初出现的主题。每一个变奏都*叠加*在之前的变奏之上。这也正是列维－斯特劳斯对神话（或者说他所谓的“神话素”）的看法——他认为它们正是对其他“神话素”的转换（变奏 / 变体）。

关于神话，列维－斯特劳斯说：

我们不能只是从左向右去阅读，还应该同时从上向下垂直阅读，也就是说要同时注意“和声”与“旋律”。
Hob.
Althob.
Cl.
Hör.
Fag.
Tromp. (F)
poco
cresc.
(Bog.)
(Bog.)

列维－斯特劳斯的《生食和熟食》不同部分的标题，借用了音乐的术语。列维－斯特劳斯这么做的部分原因是，当研究美洲印第安人神话的情节时，他发现许多神话情节的建构方法与音乐形式（例如赋格曲、奏鸣曲、回旋曲、托卡塔曲等）十分相似。

列维－斯特劳斯对西方文化中神话与音乐的关系，也提出了一种历史性的假设。

在文艺复兴时期和 17 世纪，神话思维成为西方思想的背景。然而，也正是在这个时期，西方文化的伟大音乐风格开始出现。从 17 世纪到 19 世纪，它们成为音乐的典型风格，表现在诸如弗雷斯科巴尔迪、巴赫、莫扎特、贝多芬和瓦格纳等人的身上。

在列维－斯特劳斯看来，这种现象绝不是一种巧合。

这就好像是音乐完全改变了它的传统形式，以便接管神话思维在同一时期或多或少放弃的那些功能，包括理智的功能和情感的功能。

## 结构主义与身体

列维－斯特劳斯有时候被指责是一名观念论者，将文化看低为思维游戏。这种指责是毫无道理的。列维－斯特劳斯是一位唯物论者。他追根溯源，将影响神话（以及文化的其他方面）的转换（置换、替代、颠倒、对称，等等）逻辑过程，一直追溯到我们感觉器官获得感觉材料的方式，譬如*身体的运作机制*。

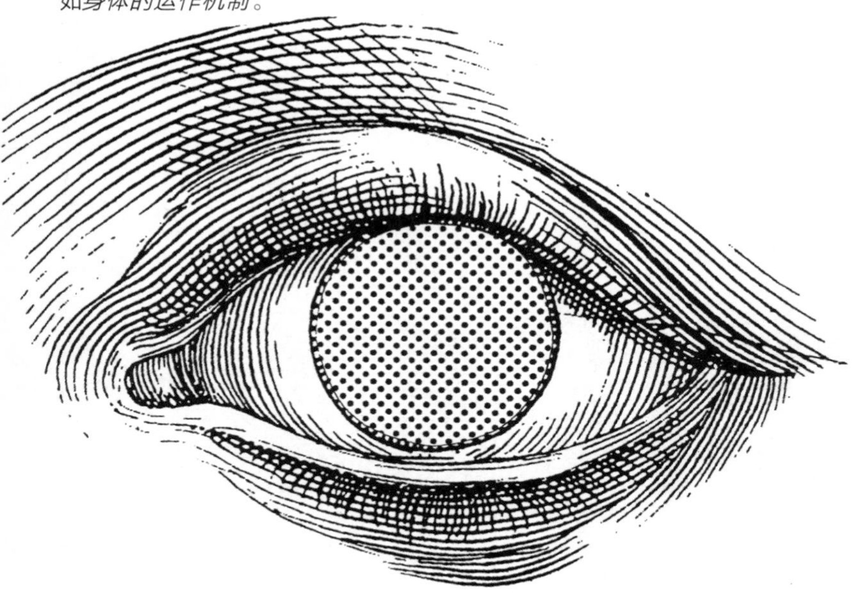

对视觉机制的研究表明了，视网膜在将信息重播给大脑之前，就已经根据图像的结构规则，对信息进行了编码。视觉皮质被用来区分向上的运动和向下的运动、相对黑暗的物体和相对明亮的物体。它也产生了自己的结构性变体：当灯泡熄灭时，灯泡的黄光将会被绿色的光圈所取代。

结构主义分析出现在思维中，仅仅因为结构主义的模型已经存在于身体里。

“谈论规则和谈论意义，其实是在谈论同一件事情。如果我们观察世界上所有记录在案的人类理智行为，会发现它们的共同特征始终是引入某种秩序。如果这代表了人们心灵对秩序的基本需求，并且既然人类心灵终究只是宇宙的一部分，那么，这种需求将很可能存在（于宇宙中），因为宇宙总是存在着某种秩序，并不是一团混乱。”[ 列维 – 斯特劳斯 ]

与今天的绝大多数神经生物学家一样，列维 – 斯特劳斯拒绝了自笛卡尔以来主宰西方思想的身心二元论，主张心灵与身体像一个“生态系统”那样协同运作。

为了回击对他的“唯智论”的指控，列维－斯特劳斯说明了结构主义是如何将感性与知性重新统一起来的。结构分析在其最后阶段会充分回归这种统一性。

列维－斯特劳斯发现，基因密码（通过它自己的组合逻辑）决定众多生命形式的方式，与在人类文化产物中发现的大脑运作结构十分相似。

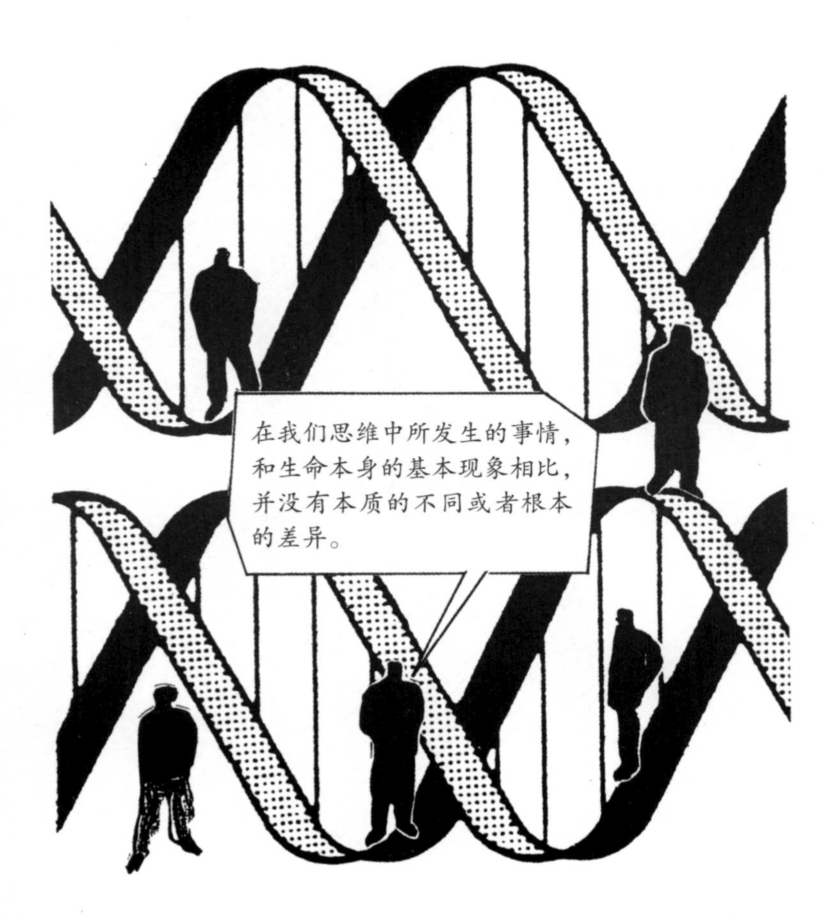
在我们思维中所发生的事情，和生命本身的基本现象相比，并没有本质的不同或者根本的差异。

列维 – 斯特劳斯的结构主义，强调人类现在的样子是由那些超出人类控制的结构所造成的。而关于神话，斯特劳斯说它们“存在于人类身上，但不为人类所知”。

作为结构主义运动的开创者之一，列维 – 斯特劳斯的方法与思想对他同时代的许多一流思想家（雅克·拉康、罗兰·巴特、路易斯·阿尔都塞、米歇尔·福柯），产生了直接或者间接的影响。

你的思想与拉康对你的思想的使用，二者之间存在相似之处吗？
不，我一点也不这么认为，但我们确实是朋友。

列维 – 斯特劳斯否认他与其他曾经被贴上“结构主义者”标签的思想家存在相同的思想体系。

在人类学领域，列维－斯特劳斯很快就成了所有研究者必须参考的起点，即便他的反对者也不例外。他对于文学批评、哲学和许多其他领域，同样具有巨大的影响力，但又争议不断。雅克·德里达的《人文科学话语中的结构、符号和游戏》(会议论文，1966 年；重印于《书写与差异》，1967 年）是与列维－斯特劳斯的直接对抗。它是后现代思想的基础文本，标志着与结构主义决裂的开端。

你是否接受德里达对你的批评？
我必须承认我没有仔细阅读过德里达。我们两个人的书写方式迥然不同。我发现自己很难读懂他。

德里达的目的是“解构”过去（形而上学、自然、语言）的大厦，与之相反，列维－斯特劳斯是一名建造者，类似于他自己所发明的神话－诗学*修补师*。

“……我从不觉得我的著作是我写的。我觉得我的著作是通过我而被写出来的，并且一旦它们通过我而被写出来，我就感到空虚，空无一物……我从未感觉到我的个体性，直到现在仍是如此。对我自己而言，我就像某件事情发生的场所，但是不存在‘我’。我们每一个人都是事情发生的十字路口。这个十字路口是纯然被动的，某件事情发生在那里，另外一件同样有效的事情发生在别的地方。没有任何的选择，它仅仅是一个偶然事件。”［摘自一次广播访谈，加拿大广播公司，1977］

# 延伸阅读

## 列维－斯特劳斯的著作

*The Savage Mind*（《野性的思维》），London: Weidenfeld & Nicolson, 1966; Chicago: University of Chicago Press, 1966. 这是列维－斯特劳斯最为复杂，也最具影响力的著作之一。（中译本见李幼蒸译，商务印书馆，1997 年）

*Tristes Tropiques*（《忧郁的热带》），London: Jonathan Cape, 1973; *A World on the Wane*（节译本），New York: Criterion Books, 1961. 该书记录了列维－斯特劳斯早年在巴西中部地区进行的人类学田野调查。（中译本见王志明译，三联书店，2005 年）

*Mythologiques*（《神话学》）(*Introduction to a Science of Mythology*), 4 vols- *The Raw and the Cooked*（《生食和熟食》），*From Honey to Ashes*（《从蜂蜜到烟灰》），*The Origin of Table Manners*（《餐桌礼仪的起源》），*The Naked Man*（《裸人》），London: Jonathan Cape, 1970–1981; New York: Harper & Row, 1969–1982.（中译本见中国人民大学出版社，2007 年）

*The Way of the Masks*（《面具之道》），London: Jonathan Cape, 1983; Seattle: University of Washington Press, 1982.（中译本见张组建译，中国人民大学出版社，2008 年）

## 论文集

*Structural Anthropology*（《结构人类学》），London: Allen Lane, 1968; New York: Penguin Books, 1994.（中译本见张组建译，中国人民大学出版社，2009 年）

*Structural Anthropology*（volume 2）（《结构人类学》第 2 卷），London: Allen Lane, 1977; New York: Peregrine Books, 1976.（中译本见张组建译，中国人民大学出版社，2009 年）

*The View From Afar*（《遥远的目光》），Oxford: Blackwell, 1985; New York: Basic Books, 1984.（中译本见邢克超译，中国人民大学出版社，2007 年）

## 谈话与采访——能够帮助初学者把握列维 - 斯特劳斯的思想

*Conversations with Claude Lévi-Strauss*, ed. *George Charbonnier*, London: Jonathan Cape, 1969.

*Conversations with Claude Lévi-Strauss*, ed. Didier Eribon, Chicago: University of Chicago Press, 1991.（中译本见《亦近，亦远：列维 - 斯特劳斯谈话录》，汪沉沉译，海天出版社，2017 年）

*Myth and Meaning*, New York: Schocken Books, 1995. 加拿大广播公司的播音谈话，1977。（中译本见《神话与意义》，杨德睿译，麦田，2010 年）

## 列维 - 斯特劳斯思想的导论

*Claude Lévi-Strauss: The Anthropologist as Hero*, ed. E.N.&T. Hayes, Cambridge, Mass: The M.I.T. Press, 1970. 收录了埃德蒙·利奇、乔治·斯坦纳、苏珊·桑塔格的文章。

*Claude Lévi-Strauss*, Edmund Leach, London: Fontana, 1996; Chicago: University of Chicago Press, 1989.（中译本见埃德蒙·利奇：《列维 - 斯特劳斯》，王庆仁译，三联书店，1986 年）

*Claude Lévi-Strauss: an Introduction*, Octavio Paz, Ithaca: Cornell University Press, 1970. 来自墨西哥著名诗人奥克塔维奥·帕斯的观点。

# 致谢


## 作者致谢

我要万分感谢克洛德·列维－斯特劳斯，他不仅阅读了本书的初稿，而且给出了极其宝贵的意见。我还要感谢克洛德·英伯特和菲利普·哈蒙，他们对列维－斯特劳斯的精辟见解，给予了我莫大的帮助。不过，本书对列维－斯特劳斯思想的解释，如有谬误或误判，概由作者负责。

我要将本书献给我的父母。

## 画家致谢

朱迪·格罗夫斯非常感谢克洛德·列维－斯特劳斯允许她为他拍照，以便创作本书。她还要感谢玛德琳·菲通、大卫·金、克洛汀·梅斯纳、霍华德·皮特斯、马克·皮特斯、尼克·罗宾和奥斯卡·扎纳特所给予的宝贵帮助。

魏兹古斯负责本书的文字录入。

# 索引